U0223770

国家出版基金资助项目
“十三五”国家重点图书
材料研究与应用著作

氮化硼纳米管及其陶瓷基复合材料

BORON NITRIDE NANOTUBES AND THEIR CERAMIC COMPOSITES

毕见强　王伟礼　杜　明　著

哈爾濱工業大學出版社
HARBIN INSTITUTE OF TECHNOLOGY PRESS

内容简介

本书以氮化硼纳米管复合材料为主题，重点针对氮化硼纳米管对陶瓷基复合材料的强韧化进行阐述。本书在详细介绍氮化硼纳米管的基本概念、性能和制备方法的同时，重点介绍氮化硼纳米管陶瓷基复合材料的制备和性能等。全书系统地介绍了氮化硼纳米管的性能和应用（第 1 章）、氮化硼纳米管的制备方法（第 2 章）、氮化硼纳米管/氧化铝复合材料（第 3 章）、氮化硼纳米管/二氧化硅复合材料（第 4 章），以及氮化硼纳米管/氮化硅复合材料（第 5 章）的制备、微观结构和性能表征。

本书可供从事无机非金属材料研究的研究人员、教师、研究生和本科生参阅。

图书在版编目（CIP）数据

氮化硼纳米管及其陶瓷基复合材料/毕见强，王伟礼，杜明著.
—哈尔滨:哈尔滨工业大学出版社，2017.6
ISBN 978 - 7 - 5603 - 5904 - 5

Ⅰ.①氮… Ⅱ.①毕… ②王… ③杜… Ⅲ.①氮化硼陶瓷-纳米材料-研究 ②氮化硼陶瓷-陶瓷复合材料-研究
Ⅳ.①TQ174.75

中国版本图书馆 CIP 数据核字（2016）第 057277 号

材料科学与工程
图书工作室

策划编辑 张秀华 许雅莹
责任编辑 范业婷 何波玲
封面设计 卞秉利
出版发行 哈尔滨工业大学出版社
社　　址 哈尔滨市南岗区复华四道街 10 号 邮编 150006
传　　真 0451 - 86414749
网　　址 http://hitpress.hit.edu.cn
印　　刷 黑龙江艺德印刷有限责任公司
开　　本 660mm×980mm 1/16 印张 10.5 字数 153 千字
版　　次 2017 年 6 月第 1 版 2017 年 6 月第 1 次印刷
书　　号 ISBN 978 - 7 - 5603 - 5904 - 5
定　　价 58.00 元

《材料研究与应用著作》

编写委员会

（按姓氏音序排列）

前　　言

自从20世纪90年代日本科学家Iijima发现碳纳米管以来,碳纳米管的独特结构和物理、化学性能,引起了各国科学家广泛的关注和极大的兴趣。由此对于以碳纳米管为核心的一维纳米材料的研究在全世界范围内轰轰烈烈地开展起来。氮化硼纳米管和碳纳米管结构非常相似,B原子和N原子以sp^2杂化态形成类似石墨的结构。1994年,Rubio等人用分子动力学方法预测了氮化硼纳米管的稳定存在。1995年,Zettl研究小组通过等离子电弧放电法成功地制备出氮化硼纳米管,从而拉开了氮化硼纳米管研究的序幕。多年来各国科学家围绕着氮化硼纳米管的制备、表征、性能以及应用进行了大量的研究工作。研究表明,氮化硼纳米管具有极好的化学稳定性和耐热性。同时,氮化硼纳米管为宽能隙半导体,电化学性能不受直径和手性影响,与碳纳米管截然不同。氮化硼纳米管所具有的独特性能决定了它具有广泛的应用前景和潜在的应用领域,势必引起研究者更为广泛的关注。

但是,目前有关氮化硼纳米管的著作尚不多见。鉴于此,作者将高性能陶瓷材料课题组近几年关于氮化硼纳米管的制备及其相关的陶瓷基复合材料的研究成果整理成本书,以求为有关氮化硼纳米管特别是氮化硼纳米管复合材料的研究工作者和相关专业的研究生、本科生提供一些参考。

本书主要涉及氮化硼纳米管的制备、表征以及相关陶瓷基复合材料的制备和性能等。为了能够使读者对氮化硼纳米管有一个更加全面的认识,本书在详细介绍氮化硼纳米管/氧化铝复合材料、氮化硼纳米管/二氧化硅复合材料和氮化硼纳米管/氮化硅复合材料的同时,相应地介绍了氮化硼纳米管的基本概念、性能和制备方法等。由于对于氮化硼纳米管的研究尚处于起步阶段,很多研究还有待深入,所以书中内容不可避免地存在一些不足,敬请读者和同行批评指正。

全书共分为5章:第1章为氮化硼纳米管的基本概念与性能;第2章

为氮化硼纳米管的制备方法;第 3 章为氮化硼纳米管/氧化铝复合材料;第 4 章为氮化硼纳米管/二氧化硅复合材料;第 5 章为氮化硼纳米管/氮化硅复合材料。

全书由毕见强教授统稿,并参加了第 1 ~5 章的撰写,王伟礼博士参加了第 1 章、第 2 章和第 3 章部分内容的撰写,杜明博士和尹崇龙硕士参加了第 4 章部分内容的撰写,陈亚飞博士和油光磊硕士参加了第 5 章部分内容的撰写。

本研究工作先后得到国家自然科学基金项目(51272132,50972076,51042005,50872072)和山东省科技发展计划(2011GGX10205,2009GG10003001)的支持,并得到山东省工程陶瓷重点实验室和材料液固结构演变与加工教育部重点实验室同事提供的帮助,在此表示衷心的感谢。

由于作者水平有限,书中难免有不足之处,恳请各位读者、同行批评指正。

作　者

2016 年 7 月

目　　录

第1章 氮化硼纳米管的基本概念与性能

自从1991年日本科学家Iijima首次报道发现碳纳米管(Carbon Nanotubes, CNTs)以来[1],由此而引发的关于纳米材料和纳米科技的热潮迅速席卷全球。碳纳米管以其独特的结构和物理、化学性能,引起了各国科学家广泛的关注和极大的兴趣[2-4]。在过去的20多年中,世界各国的科研工作者对于以碳纳米管为首的纳米材料尤其是一维纳米材料进行了深入而广泛的研究。氮化硼纳米管(Boron Nitride Nanotubes, BNNTs),是一种结构和CNTs极为相似的一维纳米材料,只需将石墨中的碳原子完全用硼和氮原子替换即可,甚至无须改变原子间距[5-9]。图1.1为单壁CNTs与BNNTs结构示意图。

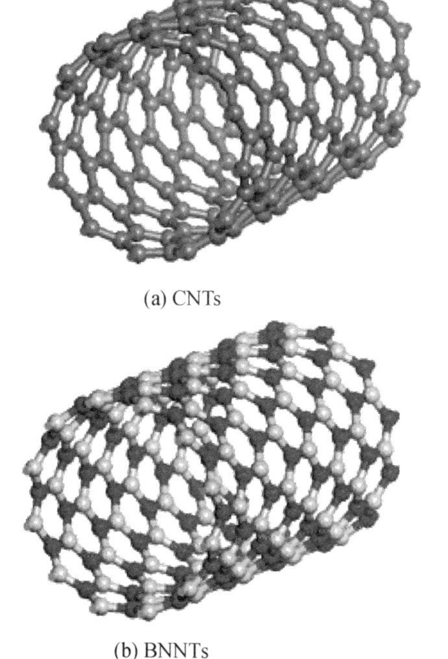

(a) CNTs

(b) BNNTs

图1.1 单壁CNTs与BNNTs结构示意图[5]

1981年,Ishii等人就发现了具有竹节状氮化硼(Boron Nitride, BN)的一维纳米结构,即BN晶须[10]。1994年,美国加州大学伯克利分校的Rubio等人用分子动力学方法预测了BNNTs的稳定存在[11]。1995年,同样来自美国加州大学伯克利分校的Chopra等人通过等离子电弧放电法成功地制备了BNNTs,从而拉开了BNNTs研究的序幕[12]。在接下来的数年中,世界各国的科研工作者围绕着BNNTs的制备和表征进行了大量的研究工作。在理论研究方面,人们对于BNNTs的电子结构、性能的调控、储氢、磁性能等各个方面都进行了细致全面的模拟计算[13-18]。在实验研究方面,对于BNNTs的制备方法同样进行了大量的尝试,并且成功地制备出各类不同直径、长度和形貌的BNNTs[19-23]。同时,对于其物理和化学性质也进行了相应的研究,并对BNNTs在聚合物、陶瓷、储氢材料等方面的应用进行了初步的研究[24-30]。

1.1 氮化硼纳米管简介

BN是一种由第Ⅲ主族和第Ⅴ主族元素组成的二元化合物。BNNTs和CNTs极为相似,是由于它们的结构、性能和形态上的相似性。氮化硼是由B和N原子以sp^2杂化成键形成的管状结构[31,32],与CNTs一样,BNNTs也分为单壁和多壁两种结构。单壁BNNTs与CNTs相同,可以用手性矢量$\boldsymbol{C} = m\boldsymbol{a}_1 + n\boldsymbol{a}_2$来表示,$n,m$均为整数,$\boldsymbol{a}_1,\boldsymbol{a}_2$均为单胞基矢,$\boldsymbol{a}_1$的方向称为锯齿方向,$\boldsymbol{C}$与$\boldsymbol{a}_1$的夹角为手性角$\theta$。根据手性角的角度,可以将单壁BNNTs分为扶手椅型、锯齿型和手性管,如图1.2所示[32,33]。多壁BNNTs则是由多个同轴单壁纳米管构成的,管间距为0.33~0.34 nm。对于BNNTs的端帽结构,通过研究发现,锯齿型BNNTs倾向于形成平顶状结构,而扶手椅型的BNNTs则倾向于形成锥形的端帽结构,大多数手性管的端帽都是无定形形态的[34,35]。

BNNTs与CNTs一样,具有优良的力学性能,即弹性模量达到TPa的级别。BNNTs的弹性模量较CNTs略低,为0.7~0.9 TPa,并且不同的制

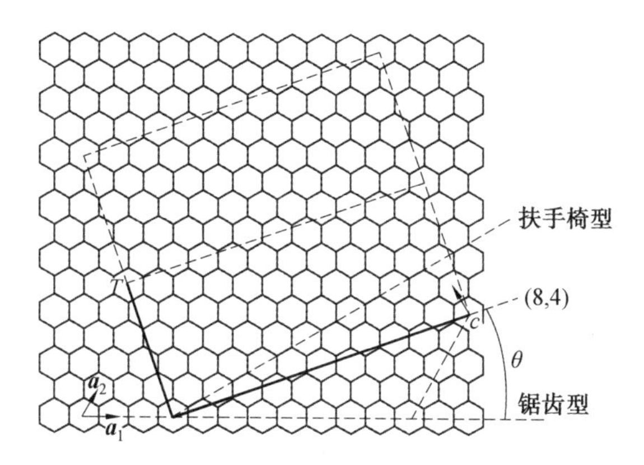

图1.2 单层BN卷曲成BNNTs示意图[32,33]

备方法制备出的纳米管有所不同[34-40]。在热学性能方面，理论和实验结果都证明BNNTs的热导率与CNTs相当[41-45]。

BNNTs是一个等电子结构，但是由于B和N原子的电负性不同，导致局部偶极矩的存在，使得B—N键当中含有相当离子键的成分。这种极性极大地影响了BNNTs的电子结构，从而使BNNTs和CNTs有诸多明显的不同之处[46-48]。最明显的莫过于，BNNTs是白色的，而CNTs是黑色的。BNNTs的禁带宽度在5.0～6.0 eV之间，且与手性无关[49,50]。如此使得BNNTs是一种较好的绝缘材料，而CNTs则依手性的不同，表现出金属和半导体的性质。BNNTs受到电子或者光子激发会有紫光或者紫外线发射，而CNTs依手性不同而有不同的红外线发射[51-53]。此外，BNNTs相比CNTs具有更好的热稳定性和化学稳定性，抗氧化温度可高达900 ℃，远高于CNTs的400～500 ℃[54-57]。

1.2 氮化硼纳米管的性能

1.2.1 力学性能

理论研究证明，BNNTs与CNTs类似，也具有非常高的弹性模量。但是，相比于CNTs（弹性模量为1.22～1.25 TPa），BNNTs的弹性模量略小一些(0.837~0.912 TPa)[38]。然而,Dumitrică 和 Yakobson 的研究结果表明,与 CNTs 相比,在 BNNTs 中产生缺陷的激活能相对较低,但是其形成能较高[58]。因此,在不同的环境中,这两种纳米管各有优势:即在常温状态下,CNTs 的强度更高,在高温环境中,BNNTs 更稳定,强度更高一些。

由于不同的制备方法制备的 BNNTs 略有不同,而且 BNNTs 中的缺陷也有多有少,因此对于其力学性能的实验测试也是结果各异。最早对 BNNTs 进行弹性模量实验测试的是 Chopra 和 Zettl[39],他们通过在透射电镜下观察单根悬臂的多壁 BNNTs 的热振动振幅,计算出其轴向弹性模量为 1.22 ± 0.24 TPa,高于 Hernández 等人的理论计算结果。在另一项由 Suryavanshi 等人完成的实验测试中,利用电场导致共振的方法计算了多壁 BNNTs 的平均弹性模量为 722 GPa[37]。Golberg 等人则采用透射电子显微镜和原子力显微镜集合而成的压电驱动支持器,直接对多壁 BNNTs 的弹性模量进行测量,其结果在 0.5~0.6 TPa 之间[59]。在另一篇报道中,来自相同课题组的 Wei 等人对于多壁 BNNTs 的拉伸强度和弹性模量进行了细致的研究和分析,通过测试计算,其弹性模量约为 926 GPa,而其拉伸强度约为 30 GPa[60]。

除了具有较高的拉伸强度和弹性模量外,一些实验结果也证明了 BNNTs 具有较好的弹塑性变形能力。Golberg 等人的实验结果表明,将 BNNTs 固定在高分辨透射电子显微镜中的两根金质细线中间,其表现出了良好的变形能力。在经过数次 70°的弯曲变形之后,尽管管壁出现了褶皱,但在卸载之后 BNNTs 能够很好地恢复到原来的形状,如图 1.3 所示[61]。

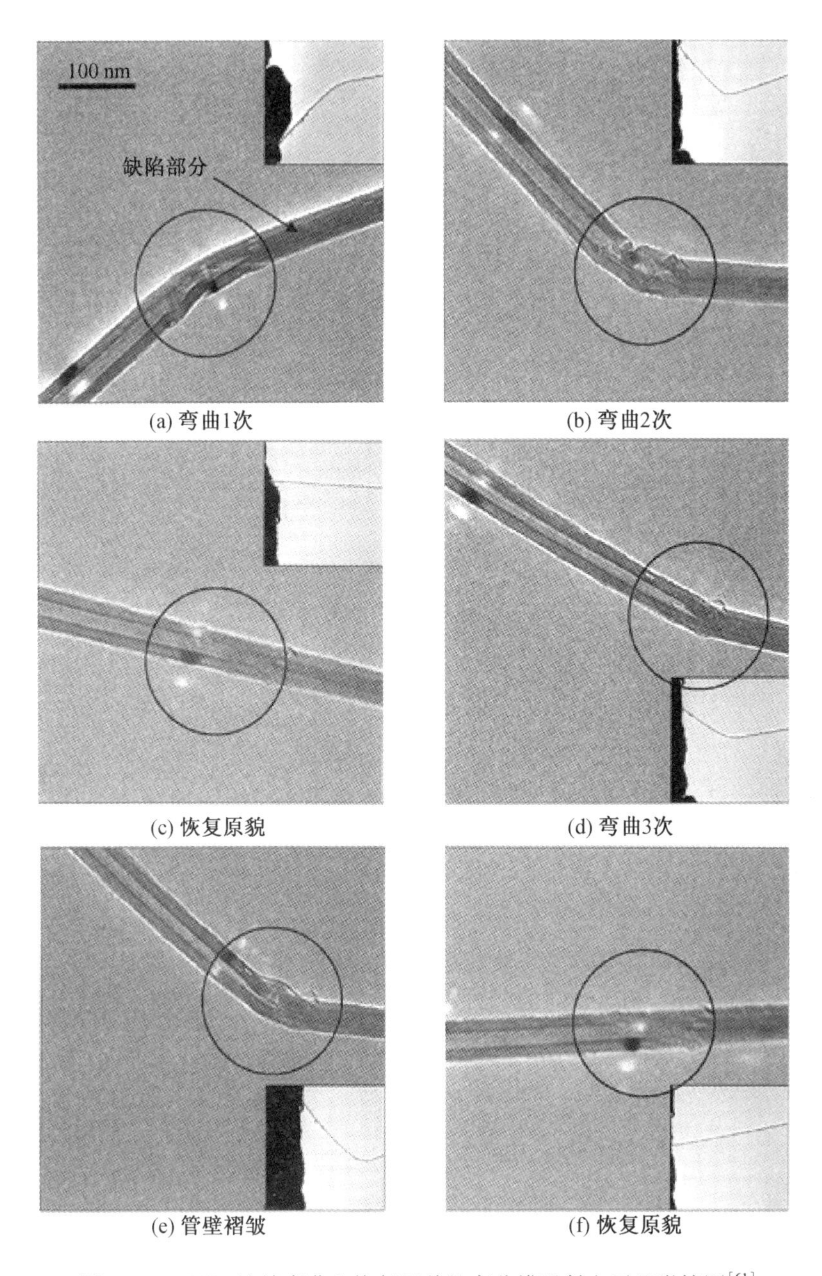

(a) 弯曲1次

(b) 弯曲2次

(c) 恢复原貌

(d) 弯曲3次

(e) 管壁褶皱

(f) 恢复原貌

图 1.3 BNNTs 连续弯曲和恢复原貌的高分辨透射电子显微镜图[61]

1.2.2 热稳定性

由于 B—N 键中含有离子键的成分，因此将会产生一个较强的电场，从而大大降低 BNNTs 的分解温度。研究结果表明，对于块状 h-BN(六方氮化硼)来说，分解温度高达 3 000 ℃，而 BNNTs 仅为 1 000 ~ 1 700 ℃[56]。

尽管如此，BNNTs 依然表现出比 CNTs 更为优良的热稳定性能。在空气气氛中，BNNTs 至少能在 700 ℃以内保持稳定，而对于缺陷较少，结晶程度好的纳米管能达到 900 ℃[54]。Golberg 等人对 BNNTs 和 CNTs 的抗氧化能力进行了热重分析。BNNTs 在 900 ~ 950 ℃才开始出现明显的氧化行为，而 CNTs 在 550 ℃已经明显被氧化，到 700 ℃基本被完全氧化[55]。图 1.4 为 CNTs 和 BNNTs 在空气中的热重曲线，可以明显看出 BNNTs 比 CNTs 有更好的抗氧化能力[7]。

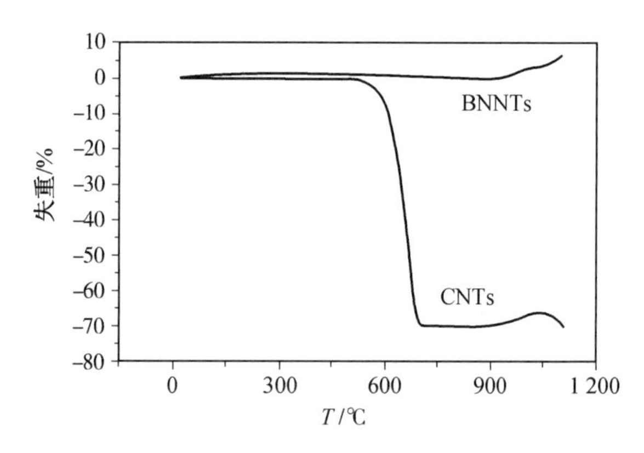

图 1.4 BNNTs 和 CNTs 在空气中的热重曲线[7]

1.2.3 热传导性能

一些研究结果均证明，BNNTs 也和 CNTs 一样，是一种传热性能极好的材料，甚至有的理论研究证明，BNNTs 的热导率超过 CNTs，达到 6 000 W/(m · K)[62-64]。在 Chang 等人对直径为 30 ~ 40 nm 的 BNNTs 热导率测试中发现，当纳米管中的 B 均为同位素 ^{11}B 时，BNNTs 的热导率完全可以达到 CNTs 的水平[41]。但是，测试结果远远低于理论研究的结果，热导率仅为 350 W/(m·K)。研究发现,纳米管与块状材料在传热时有很大的不同[65]。在块状 BN 材料当中,所有的层都会起到传热的作用,而在纳米管中,仅有少量的层在传热中起作用。直径同为 40 nm 的 CNTs 的热导率也仅约为 300 W/(m·K),也与单壁 CNTs 的理论计算值(6 000 W/(m·K))相差甚远。

除此之外,也有一些研究报道关注 BNNTs 的热导率。Chang 等人测试了由 BNNTs 构成的垫子的热导率,结果室温热导率仅为 1.5 W/(m·K)[44]。他们认为是因为表面热阻过高造成的这种结果。另外,Tang 等人同样测试了 BNNTs 构成的垫子的热导率,约为 4 W/(m·K);当其中均为竹节状结构的 BN 纤维时,数值提高到 14 W/(m·K)[42]。

1.2.4 光学性能

到目前为止,对于 BNNTs 的发光和光吸收性能的理论和实验研究比较多。大多数对 BNNTs 光学性能的理论研究是基于能带结构进行理论计算的[66-69]。最近的一项研究表明,BNNTs 的光吸收性能与纳米管中激子的影响有很大的联系[66]。另外,BNNTs 的手性和外部横向场对其发光和吸收谱也有一定的影响[70,71]。

在实验研究方面,Lauret 等人对于单壁 BNNTs 的吸收性能进行了研究,结果在 4.45 eV 和 5.5 eV 两处观察到了光跃迁[51]。同时,对于其光致发光和阴极发光性能的研究也非常多,研究结果都表明了 BNNTs 是一种具有较强紫光和紫外线发射的材料。由于制备工艺和材料结构上的差异,研究发现的发射峰也略有不同,分别在波长为 230 nm,279 nm,338 nm,460 nm等处发现了发射峰[72-80]。对于这些发射谱的解释也是意见各异。

其他研究人员对 BNNTs 的光学性能也进行了相关研究,并对结果进行了报道。Zettl 课题组通过对 BNNTs 的时间分辨光致发光性能的研究发现,发生在层内的电荷快速重组会控制 BNNTs 内的电荷重组。然而,延迟过程则是由于电荷转移和层间的电荷重组造成的[52]。Chen 等人对 BNNTs 的可控发光性能进行了报道,他们通过研究掺杂 Eu 的 BNNTs 发现,通过调控 Eu 的掺杂量可以使竹节状的 BN 结构的发射带发生移动[81]。图 1.5 为掺杂 Eu 的 BNNTs 的扫描电子显微镜(SEM)和阴极发光(CL)图,可以观察到 BNNTs 具有明显的阴极发光性能。

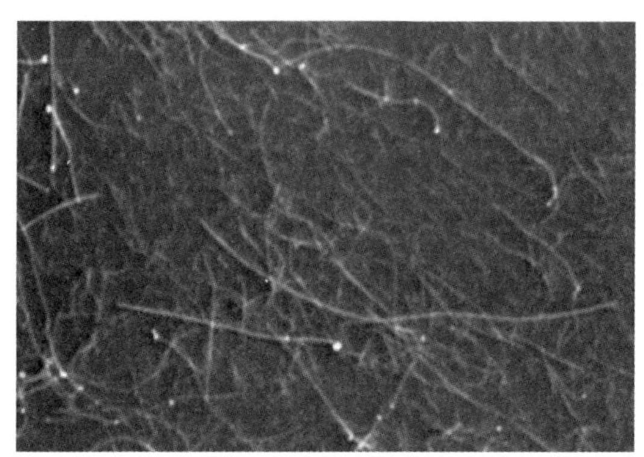

(a) 扫描电子显微镜(SEM)图

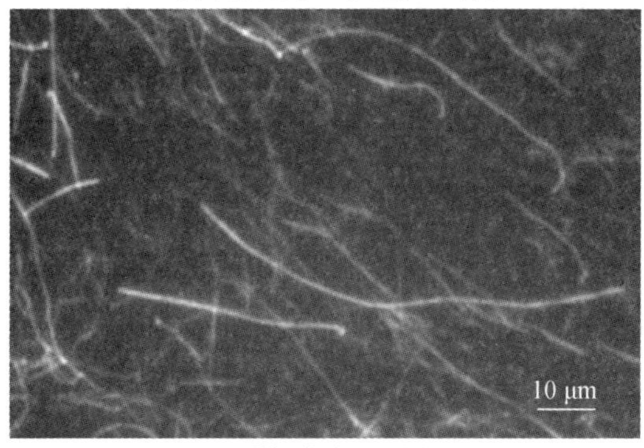

(b) 阴极发光(CL)图

图 1.5 掺杂 Eu 的 BNNTs 的 SEM 图和 CL 图[81]

1.2.5 磁学性能

研究发现,通过掺杂 O,C,V,Cr,Ge,F,Be 和 H 都可以导致 BNNTs 产生磁性[17,82-87]。其中大部分的磁矩源于掺杂的元素,而并非 B 和 N 原子。例如,掺杂 C 的 BNNTs 会导致反铁磁的有序半导体态,但是掺杂 B 和 N 的 CNTs 却没有磁性。由于掺杂之后的情况比较复杂,到目前为止还没有对这种现象做出详细的解释。而 BNNTs 的磁性主要是通过电子顺磁性、核磁共振得到的,这些性能是与块状的 BN 进行比较观察到的。BNNTs 的四极耦合常数和不对称参数与 h-BN 的非常接近,并且在 B 原子位置的局部对称和 B—N 键上的电荷分布这两个方面,BNNTs 和 h-BN 也是相似的[88-90]。

1.2.6 电学性能

尽管 BNNTs 与 CNTs 的结构非常相似,但是 BNNTs 与 CNTs 在电子结构上却相差甚远。由于 BNNTs 的化学键中存在部分离子键的成分,BNNTs 的禁带宽度为 5.0 ~ 6.0 eV,并且与管的形貌无关[49]。理论计算预测 BNNTs 的介电常数为 5.90,且与管的直径和手性无关[91]。因此,BNNTs 通常状况下是一种绝缘材料。理论计算证实可以通过多种方式改变 BNNTs 的能带结构。大量实验证实,仅掺杂和外加电场这两种方法能够改变 BNNTs 的禁带宽度。

例如,通过局部密度近似对单层(22,22)的 BNNTs 进行计算表明,其固有的禁带宽度为 4.5 eV,而外加 1.0 V/nm 的横向电场可以使其降低到 2.25 eV,1.9 V/nm 的电场甚至可以使禁带完全消除[92,93]。Mele 和 Kráp 则通过理论计算预测,BNNTs 具有压电行为,并计算了它的压电常数[94]。而 Cumings 和 Zettl 最先通过实验方法测试单根多壁 BNNTs 的场发射性能,其中 BNNTs 在较低的电压下表现出了明显的场发射电流[95]。

此后,相关的实验研究证明,掺杂 F 和 C 是提高 BNNTs 电子传输性能非常有效的手段。Tang 等人测试了掺杂 F 的 BNNTs 的电导率,发现其从约 300 Ω · cm 下降到了 0.2 ~0.6 Ω · cm[96]。随后,Dorozhkin 等人对掺杂 C 的 BNNTs 进行了相关的测试,并对其 $I-V$ 曲线进行了分析[97]。结果表明,由于 C 的掺杂降低了 BNNTs 的离子性,有效地降低了 BNNTs 的禁带宽度,低至约 1 eV。Golberg 等人则测试了掺杂 C 的 BNNTs 的电子传输性能[98]。相比于绝缘的 BNNTs 和金属性的 CNTs,掺杂 C 的 BNNTs 表现出了良好的半导体特性。Radosavljevic 等人对由 BNNTs 束制备的场效应晶体管进行了讨论[99]。

Bai 等人首次通过实验验证了多壁 BNNTs 中存在压电行为信号[100]。

实验证明,BNNTs的绝缘特性在管弯曲的情况下会发生较大的变化,其中会检测到明显的电流信号。相应的BNNTs弯曲和恢复的过程以及产生的*I*–*V*曲线,如图1.6所示。同时,这种传输性能是可逆的,并且在管重新加载之后会完全消失。另外,由于BNNTs中的自发极化还观察到了不太明显的电滞现象。

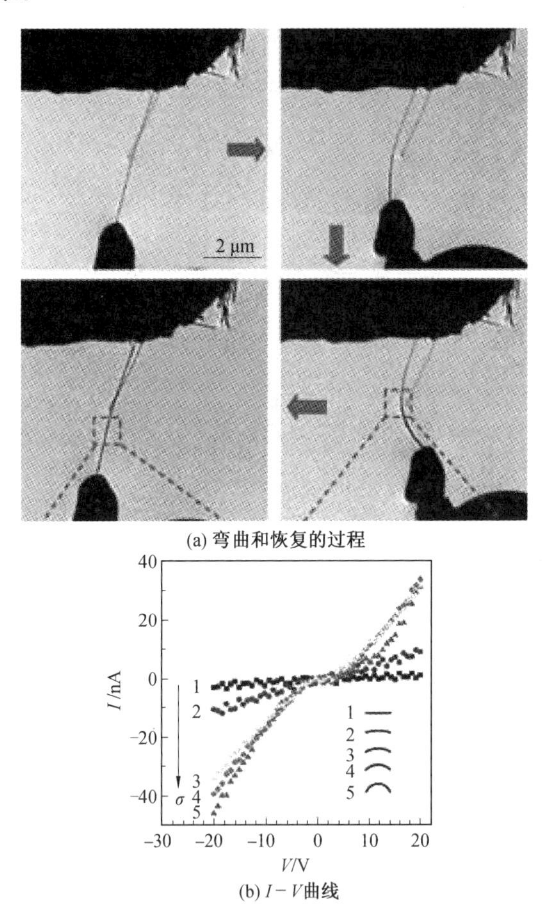

(a) 弯曲和恢复的过程

(b) *I*–*V*曲线

图1.6 BNNTs弯曲和恢复的过程以及产生的*I*–*V*曲线[100]

另外一个调节BNNTs电学性能的方式是对纳米管进行表面功能化。理论计算表明,根据所修饰的功能分子的电负性的不同,BNNTs可以表现出p型或者n型不同的状态。另外,通过调整功能分子的浓度,其能带可以从紫外线到可见光范围内进行变化[101]。在蜂巢状排布的BNNTs团束中,由于管之间的耦合作用以及从 B 原子到 N 原子的电荷转移,都会造成带隙的降低。并且,随着 BNNTs 在团束中的排列和手性的不同,带隙值的变化也会有所不同[102]。

1.2.7 润湿性能

Yum 和 Yu 通过分析 BNNTs 与不同液体之间的接触角,对单根 BNNTs 的润湿性能进行了研究[103],他们研究的液体包括溴萘、聚乙二醇、甘油和水。研究发现,BNNTs 与这些液体的接触角比与 CNTs 的接触角略大。通过计算,BNNTs 的表面张力约为 27 mN/m,而与 CNTs 的表面张力 27.8 mN/m非常接近。

Lee 等人则对 BNNTs 薄膜与水的接触角进行了细致的研究[104]。与 BN 薄膜相比,BNNTs薄膜表现出强烈的疏水性,如图1.7所示。BN薄膜

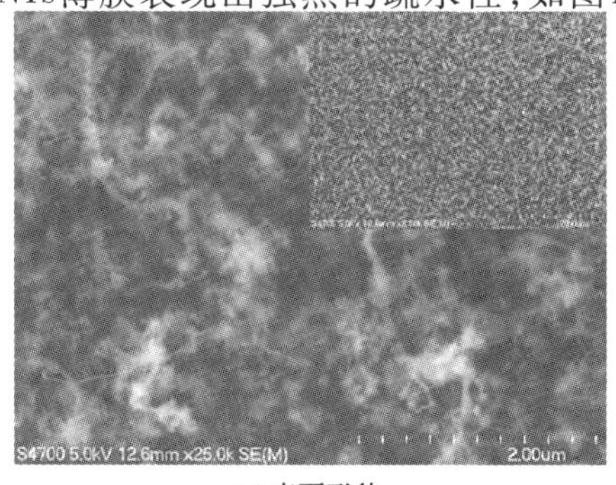

(a) 表面形貌

(b) 疏水性

图 1.7 BNNTs 薄膜的表面形貌及疏水性照片[104]

的接触角为44°~52°，而BNNTs薄膜的接触角则达到了145°~160°，疏水效果非常明显。分析其原因在于BNNTs的直径比较小，堆积密度低，由此导致BNNTs与基体之间的结合比较弱，从而产生了较强的疏水性。

1.3 氮化硼纳米管的应用

1.3.1 复合材料添加相

BNNTs具有较高的弹性模量和拉伸强度，高的热导率和较好的抗氧化性能，使得BNNTs成为良好的复合材料添加相，用于提高聚合物及陶瓷材料的相关性能。近几年来，陆续有一些关于添加BNNTs复合材料的制备及性能测试的报道。但是，由于大量制备BNNTs存在一定的困难，相关的报道也非常有限。

Zhi和他的课题组成员制备了多种添加BNNTs的高分子材料，并进行了相关性能的测试。研究发现，添加质量分数为1%的BNNTs于聚苯乙烯(PS)薄膜中，发现聚苯乙烯(PS)薄膜在保持良好的透明性的同时，弹性模量提高了21%。另外，相比于纯的PS，复合材料的抗氧化性也得到了明显的提高[24]。在关于有机玻璃(PMMA)的研究中发现，同样添加质量分数为1%的BNNTs，有机玻璃(PMMA)的抗氧化性能得到提高的同时，弹性模量提高了19%。更重要的是，添加质量分数为10%的BNNTs的PMMA的热导率从0.17 W/(m·K)提高到0.5 W/(m·K)，提高了近3倍之多[28]。对于环氧树脂的研究发现，BNNTs的加入可以有效地调节其介电常数。而质量分数为5%的添加量则可以使热导率提高69 %[105]。此外，该课题组又通过对BNNTs的化学改性研究发现，在其表面连接相应的功能性基团—NH和—OH，可以有效地增强BNNTs与高分子基体的界面结合。该表面改性的BNNTs对于提高聚碳酸酯和聚乙烯醇缩丁醛的弹性模量更为有效，提高了约30%[30]。该课题组还通过用儿茶酸对BNNTs进行表面修饰，制备了聚乙烯醇缩甲醛(PVF)和聚乙烯醇(PVA)复合材料。将其进行热导率测试发现,添加质量分数为1%的BNNTs的PVF复合材料,其热导率提高了160%,而添加质量分数为3%的BNNTs的PVA复合材料,其热导率提高的幅度高达270%[29]。

相关的研究都表明,对于高分子材料来说,BNNTs是一种良好的添加相,可以有效地改善材料的力学和热学等相关性能。对于陶瓷材料,BNNTs同样是优异的补强增韧材料。Banasl等人最先制备了含有BNNTs的钡钙铝硅酸盐玻璃,并对其强韧化的效果进行了研究[25]。研究结果表明,通过添加质量分数为4%的BNNTs,材料的断裂韧性提高了35%,而强度则提高了90%之多,BNNTs在提高其力学性能方面效果明显。而Huang等人则对添加了BNNTs的Al_2O_3和Si_3N_4陶瓷进行了高温超塑性变形的研究[27]。研究发现,通过添加极少量的BNNTs就能有效地提高这两种工程陶瓷材料的高温变形能力。质量分数为0.5%的BNNTs添加量就能使Al_2O_3在相对温和的环境(1 300 ℃)下产生脆性-延性的转变;而含有质量分数为0.5%的BNNTs的Si_3N_4陶瓷在相同的条件下,其应力降低了75%。BNNTs能够抑制晶粒的静态和动态生长,以及在材料变形过程中吸收能量,都对提高工程陶瓷材料的高温超塑性变形起到了促进作用。

1.3.2 储氢材料

由于受到CNTs储氢研究的启发以及CNTs和BNNTs的相似性,很多科研工作者对BNNTs的储氢性能进行了相关的研究[106-110]。纳米管所固有的多孔结构和轻质的特点,加上C原子和H原子之间的良好的结合,使其成为一种很有前途的储氢材料。但是,由于CNTs随着直径和手性的不同表现出金属或者半导体性能,同时,不同的合成工艺造成其电子结构的不同,因此关于CNTs储氢的报道各异。到目前为止,关于CNTs是否能够成为储氢材料依然是一个值得商榷的问题。BNNTs的热稳定性和化学稳定性均优于CNTs,而且BNNTs的性能几乎不依赖于直径和手性,使其更有希望成为新的储氢材料。但是,到目前为止,BNNTs储氢同CNTs储氢一样,是一个颇具争议的问题。

Ma 等人对多壁 BNNTs 的储氢性能进行了初步的测试[108]。测试结果表明，在室温、10 MPa 的条件下，多壁 BNNTs 的储氢能力在质量分数为 1.8% ~2.6%之间，高于质量分数为 0.2% 的 BN 粉末的储氢能力。而在 Tang 等人的工作中，利用化学气相沉积(CVD)法制备的 BNNTs 在 Pt 存在的条件下进行热处理，制备出了坍塌结构的 BNNTs，其中含有一定的微晶和细小的 BNNTs 碎片[109]。这种结构的 BNNTs 极大地提高了比表面积，从 254.2 m^2/g 提高到了 789.1 m^2/g，从而提高了 BNNTs 的储氢性能。在 10 MPa 条件下，储氢比重为 4.2%（质量分数）。该塌陷结构 BNNTs 的透射电子显微镜(TEM)照片和相应的储氢曲线，如图 1.8 所示。来自南开大学和悉尼大学的研究人员则对 BNNTs 的电化学储氢性能进行了相关的测试分析[107]。测试结果令人失望，在放电电流密度为 500 mA/g 和 1 000 mA/g 时，放电容量仅为 68(mA · h)/g 和 54(mA · h/g)，仅仅相当于质量分数为 0.25% 的储氢比重，远低于前面报道的 10 MPa 的反应储氢能力。但是，实验证明 BNNTs 的储氢能力依然远高于商业出售的 BN 粉体的储氢能力，相同条件下仅为 16(mA · h)/g。作者认为该实验在常压(0.1 MPa)下测试是造成 BNNTs 储氢值偏低的主要原因。

目前，关于 BNNTs 储氢的报道非常少，对于其储氢机理的研究也还不够深入。不同的测试结果存在着较大的差异，同时关于其储氢的理论研究也有着较大的分歧。Mpourmpakis 和 Froudakis 的理论计算结果表明，由于 BNNTs 中键合的离子特性，可以提高与 H 原子的结合能[16]，并且随着直径的增大，管壁的曲率会随之降低，与 H 原子的结合能会进一步提高。因此，他们认为 BNNTs 与 CNTs 相比，更适合作为储氢材料。然而，Zhou 等人则通过理论计算认为，BNNTs 并非良好的储氢材料[110]。从能量角度来说，BNNTs 对于 H_2 分子的物理吸附能力要低于 CNTs。而对于化学吸附，BNNTs 对于 H_2 分子的吸附是一个吸热过程，也不利于储氢过程。因此，BNNTs 本身并非理想的储氢材料，但可以将其与储氢性能较好的金属纳米簇结合作为其支撑载体制备复合的储氢材料。

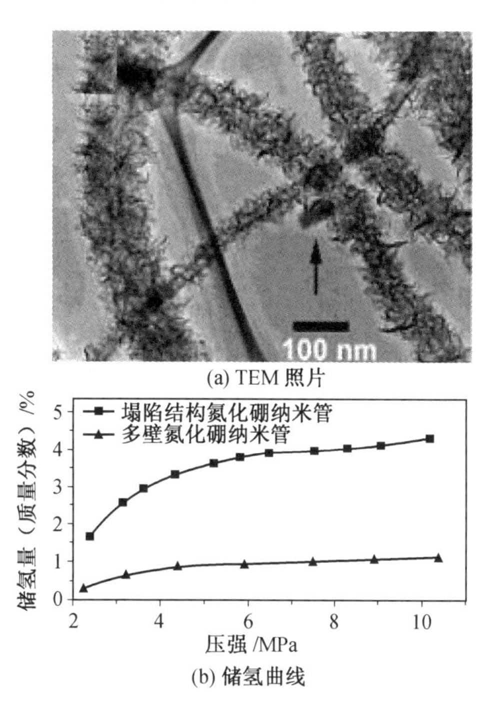

图 1.8 塌陷结构 BNNTs 的 TEM 照片和相应的储氢曲线[109]

1.3.3 生物材料

生物材料一直以来都是研究的热点。随着纳米材料的兴起和发展，无机纳米材料在生物材料方面的应用研究已经越来越深入。尽管纳米材料有着不同于块体材料的性质造成其研究的多变性，但是对纳米材料在生物领域的研究依然呈现上升趋势。以 CNTs 为例，对于 CNTs 本身以及含有 CNTs 的复合材料的生物相容性和毒性的研究一直都在继续，并且相关的产品也处于积极的研发和动物实验阶段[111,112]。

BNNTs 由于其与 CNTs 的相似性，自然也被研究人员用于生物材料的制备和研究当中。其中，生物相容性是首先需要探讨的问题。Ciofani 等人最先对 BNNTs 的细胞相容性进行了研究[113-116]。研究结果表明，聚乙烯亚胺修饰的 BNNTs 对人体成神经细胞瘤的存活、新陈代谢以及细胞再生不会产生较大的影响[115]。他们随后的研究表明，利用多聚赖氨酸修饰的

BNNTs对于成胶质细胞瘤和成纤维细胞表现出良好的细胞相容性。同时,修饰过的BNNTs还成为输送B的载体[113]。尽管研究中的细胞部分为恶性肿瘤,但是相关的实验研究证明了BNNTs具有良好的细胞相容性。另外,Chen等人的研究结果表明,高纯的BNNTs没有细胞毒性。相比于CNTs导致了人胚肾细胞(HEK-293)凋亡,BNNTs并没有抑制细胞生长或者产生凋亡路径。另外,可以采用非共价吸附的方式,利用具有生物活性的接合藻类对BNNTs进行表面修饰,以此便于同蛋白质以及细胞的接合[117]。由此,可以促进BNNTs在生物传感器和生物显像方面的应用。

研究人员不仅对BNNTs自身的生物相容性进行了研究,对含有BNNTs的生物复合材料也在进行着相关的研究。Lahiri等人对BNNTs增强的羟基磷灰石(HA)和聚交酯-聚己酸内酯共聚物(PLC)进行了力学和生物性能的相关研究[118,119]。利用放电等离子烧结(SPS)使质量分数为4%的BNNTs的HA复合材料与纯HA相比,力学性能有了极大的提高。其中,弹性模量、硬度和断裂韧性分别提高了120%、129%和86%之多,耐磨性能也提高了75 %,补强增韧效果非常明显。生物相容性实验表明,该复合材料对于成骨细胞的增殖和细胞生存能力没有表现出较大的影响。图1.9为培养1 d,3 d,5 d的成骨细胞在HA和HA-BNNTs表面的生存能力,可以看出BNNTs的添加并没有对细胞成活带来明显的负面影响。而添加质量分数为5%的BNNTs的PLC复合材料性能表现出了更为明显的提高,拉伸强度提高了109%,对于弹性模量的影响更为明显,提高了1 370%。生物实验测试则表明,裸露的BNNTs对成骨细胞和巨噬细胞没有细胞毒性。BNNTs/PLC复合材料相比PLC基体,能够明显提高成骨细胞的生存能力。最近的一项研究表明,浸在模拟体液中的BNNTs能够诱导HA在其表面的沉积,从而可以促进BNNTs在整形外科的应用[120]。

以上的研究结果表明,BNNTs具有较好的生物相容性和较小的生物毒性,在生物材料领域有很大的应用前景。同时,BNNTs可以在某些CNTs表现出毒性的领域替代CNTs成为新型的纳米生物材料。

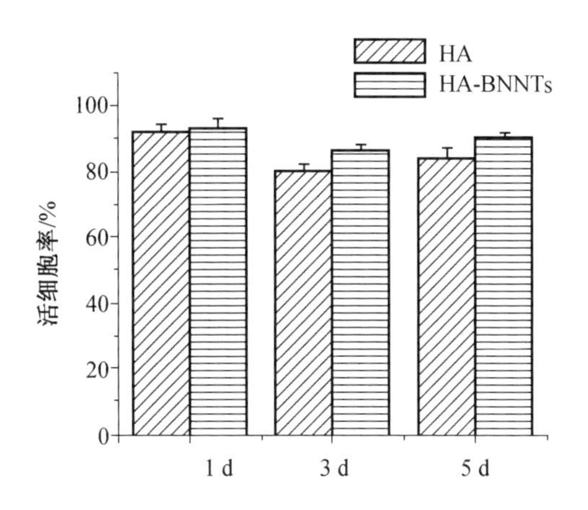

图 1.9 培养 1 d,3 d,5 d 的成骨细胞在 HA 和 HA-BNNTs 表面的生存能力[118]

1.3.4 其他应用

除了以上提到的 BNNTs 的应用之外,研究人员还对 BNNTs 在诸多方面潜在的应用价值进行了积极的探讨[121]。Huang 等人设计了一款基于生物素-荧光素修饰的 BNNTs 亚微米尺度的 pH 传感器[122]。经过 Ag 颗粒的修饰,荧光素自身依赖 pH 的光致发光性能和拉曼信号得以增强,从而设计出这款实用的 pH 传感器。由于高阈值电场、低电流密度、潜在的起弧作用和绝热,BNNTs 本身并非理想的场发射材料,但是通过掺杂 C 可以降低阈值电场,提高电流密度。Golberg 等人利用 C 掺杂的 BNNTs 薄膜在 5.5 V/μm 宏观场作用下成功获得了低阈值电场(2 ~3 V/μm)和较高的电流密度(3 mA/cm^2),从而促进了 BNNTs 在场发射器件中的应用[98,123]。而 Belonenko 和 Lebedev 指出,在 BNNTs 中插入碱金属和碱土金属离子,可以作为量子计算机的双量子位元细胞[124]。

1.4 小 结

综上所述,氮化硼纳米管性能优异,在复合材料领域具有广泛的应用前景,同时也受到越来越多材料科学工作者的关注。但是,相比于研究成熟的碳纳米管来说,氮化硼纳米管的研究还处于起步阶段。目前大量制备高纯的氮化硼纳米管还具有一定的困难,距离大批量产业化还有相当的距离。本章通过介绍氮化硼纳米管的相关性能和应用,为后续氮化硼纳米管制备和在陶瓷基复合材料中的应用提供相应的参考。本课题组利用碳纳米管模板法制备了大量氮化硼纳米管,并对相关陶瓷基复合材料进行了研究,包括氮化硼纳米管/氧化铝复合材料、氮化硼纳米管/氧化硅复合材料、氮化硼纳米管/氮化硅复合材料等。

参考文献

[1] IIJIMA S. Helical microtubules of graphitic carbon [J]. Nature, 1991, 354(6348): 56-58.

[2] YU M F, LOURIE O, DYER M J, et al. Strength and breaking mechanism of multiwalled carbon nanotubes under tensile load [J]. Science, 2000, 287(5453): 637-640.

[3] FALVO M R, CLARY G J, TAYLOR II R M, et al. Bending and buckling of carbon nanotubes under large strain [J]. Nature, 1997, 389(6651): 582-584.

[4] RUOFF R S, LORENTS D C. Mechanical and thermal properties of carbon nanotubes [J]. Carbon, 1995, 33(7): 925-930.

[5] GOLBERG D, BANDO T, TANG C, et al. Boron nitride nanotubes [J]. Advanced Materials, 2007, 19(18): 2413-2432.

[6] DEEPAK F L, VINOD C P, MUKHOPADHYAY K, et al. Boron nitride nanotubes and nanowires [J]. Chemical Physics Letters, 2002, 353(5-6): 345-352.

[7] ZHI C, BANDO Y, TANG C, et al. Boron nitride nanotubes [J]. Materials Science and Engineering R, 2010, 70(3-6): 92-111.

[8] WANG J S, LEE C H, YAP Y K. Recent advancements in boron nitride nanotubes [J]. Nanoscale, 2010, 2(10): 2028-2034.

[9] GOLBERG D, BANDO Y, HUANG Y, et al. Recent advances in boron nitride nanotubes and nanosheets [J]. Israel Journal of Chemistry, 2010, 50(4): 405-416.

[10] ISHII T, SATO T, SEKIKAWA Y, et al. Growth of whiskers of hexagonal boron nitride [J]. Journal of Crystal Growth, 1981, 52(1): 285-289.

[11] RUBIO A, CORKILL J L, COHEN M L. Theory of graphitic boron nitride nanotubes [J]. Physical Review B, 1994, 49(7): 5081-5084.

[12] CHOPRA N G, LUYKEN R J, CRESPI V H, et al. Boron nitride nanotubes [J]. Science, 1995, 269(5226): 966-967.

[13] ZHANG Z H, GUO W L, DAI Y T. Stability and electronic properties of small boron nitride nanotubes [J]. Journal of Applied Physics, 2009, 105(8): 084312 (8pp).

[14] KHOO K H, MAZZONI M S C, LOUIE S G. Tuning the electronic properties of boron nitride nanotubes with transverse electric fields: a giant DC stark effect [J]. Physical Review B, 2004, 69(20): 201401 (4pp).

[15] SCHMIDT T M, BAIERLE R J, PIQUINI P, et al. Theoretical study of native defects in BN nanotubes [J]. Physical Review B, 2003, 67(11): 113407 (4pp).

[16] MPOURMPAKIS G, FROUDAKIS G E. Why boron nitride nanotubes are preferable to carbon nanotubes for hydrogen storage? An ab inito theoretical study [J]. Catalysis Today, 2007, 120(3-4): 341-345.

[17] WU R Q, LIU L, PENG G W, et al. Magnetism in BN nanotubes induced by carbon doping[J]. Applied Physics Letters, 2005, 86(12): 122510 (3pp).

[18] WON C Y, ALURU N R. Water phase transition induced by a stonewales defect in a boron nitride nanotube [J]. Journal of the American

Chemical Society, 2008, 130(41): 13649-13652.

[19] TANG C C, BANDO Y, SATO T, et al. A novel precursor for synthesis of pure boron nitride nanobutes [J]. Chemical Communications, 2002, 2(12): 1290-1291.

[20] PEIGNEY A, LAURENT C H, DOBIGEON F, et al. Carbon nanotubes grown in situ by a novel catalytic method [J]. Journal of Materials Research, 1997, 12(3): 613-615.

[21] TANG C C, DE LA CHAPELLE M L, LI P, et al. Catalytic growth of nanotube and nanobamboo structures of boron nitride [J]. Chemical Physics Letters, 2001, 342(5-6): 492-496.

[22] WEN G, ZHANG T, HUANG X X, et al. Synthesis of bulk quantity BN nanotubes with uniform morphology [J]. Scripta Materialia, 2010, 62(1): 25-28.

[23] BECHELANY M, BERNARD S, BRIOUDE A, et al. Synthesis of boron nitride nanotubes by a template-assisted polymer thermolysis process [J]. The Journal of Physical Chemistry C, 2007, 111(36): 13378-13384.

[24] ZHI C Y, BANDO Y, TANG C C , et al. Boron nitride nanotubes/polystyrene composites [J]. Journal of Materials Research, 2006, 21(11): 2794-2800.

[25] BANASL N P, HURST J B, CHOI S R. Boron nitride nanotubes-reinforced glass composites [J]. Journal of the American Ceramic Society, 2006, 89(1): 388-390.

[26] CHOI S R, BANSAL N P, GARG A. Mechanical and microstructure characterization of boron nitride nanotubes-reinforced SOFC seal glass composite [J]. Materials Science and Engineering A, 2007, 460-461: 509-515.

[27] HUANG Q, BANDO Y, XU X, et al. Enhancing superplasticity of engi-

neering ceramics by introducing BN nanotubes [J]. Nanotechnology, 2007, 18(48): 485706 (7pp).

[28] ZHI C Y, BANDO Y, WANG W L, et al. Mechanical and thermal properties of polymethyl methacrylate-BN nanotube composites [J]. Journal of Nanomaterials, 2008, 2008: 642036 (5pp).

[29] TERAO T, BANDO Y, MITOME M, et al. Thermal conductivity improvement of polymer films by catechin-midified boron nitride nanotubes [J]. The Journal of Physical Chemisty C, 2009, 113 (31): 13605-13609.

[30] ZHI C Y, BANDO Y, TANG C C, et al. Characteristics of boron nitride nanotube-polyaniline composites [J]. Angewandte Chemie International Edition, 2005, 44(48): 7929-7932.

[31] 徐丽娜, 李锁龙, 高峰, 等. 氮化硼纳米管的研究进展 [J]. 应用化学, 2004, 21(9): 872-877.

[32] 刘伯洋, 贾德昌. 氮化硼纳米管的研究现状 [J]. 材料科学与工艺, 2008, 16(3): 342-348.

[33] 麦亚潘 M. 碳纳米管——科学与应用 [M]. 刘忠范,译. 北京: 科学出版社, 2007.

[34] 武海顺, 贾建峰. 氮化硼纳米管的研究进展 [J]. 化学进展, 2004, 16(1): 6-14.

[35] 何军舫, 范月英, 李峰, 等. 氮化硼纳米管的制备及其最新进展[J]. 材料导报, 2001, 15(3): 22-23.

[36] VERMA V, JINDAL V K, DHARAMVIR K. Elastic moduli of a boron nitride nanotube [J]. Nanotechnology, 2007, 18(43): 435711 (6pp).

[37] SURYAVANSHI A P, YU M F, WEN J, et al. Elastic modulus and resonance behavior of boron nitride nanotubes [J]. Applied Physics Letters, 2004, 84(14): 2527-2529.

[38] HERNÁNDEZ E, GOZE C, BERNIER P, et al. Elastic properties of C

and $B_xC_yN_z$ composite nanotubes [J]. Physical Review Letters, 1998, 80(20): 4502-4505.

[39] CHOPRA N G, ZETTL A. Measurement of the elastic modulus of a multi-wall boron nitride nanotube [J]. Solid State Communications, 1998, 105(5): 297-300.

[40] GHASSEMI H M, YASSAR R S. On the mechanical behavior of boron nitride nanotubes [J]. Applied Mechanics Reviews, 2010, 63 (2): 020804 (7pp).

[41] CHANG C W, FENNIMORE A M, AFANASIEV A, et al. Isotope effect on the thermal conductivity of boron nitride nanotubes [J]. Physical Review Letters, 2006, 97(8): 085901 (4pp).

[42] TANG C C, BANDO Y, LIU C H, et al. Thermal conductivity of nanostructured boron nitride materials [J]. The Journal of Physical Chemistry B, 2006, 110(21): 10354-10357.

[43] SAVIC I, STEWART D A, MINGO N. Thermal conduction mechanisms in boron nitride nanotubes: few-shell versus all-shell conduction [J]. Physical Review B, 2008, 78(23): 235434 (5pp).

[44] CHANG C W, HAN W Q, ZETTL A. Thermal conductivity of B-C-N and BN nanotubes [J]. Journal of Vacuum Science & Technology B, 2005, 23(5): 1883-1886.

[45] XIAO Y, YAN X H, CAO J X, et al. Specific heat and quantized thermal conductance of single-walled boron nitride nanotubes [J]. Physical Review B, 2004, 69(20): 205415 (5pp).

[46] AKDIM B, PACHTER R, DUAN X, et al. Comparative theoretical study of single-wall carbon and boron-nitride nanotubes [J]. Physical Review B, 2003, 67(24): 245404 (8pp).

[47] WANG B C, TSAI M H, CHOU Y N. Comparative theoretical study of carbon nanotubes and boron-nitride nanotubes [J]. Synthetic Metals,

1997, 86(1-3): 2379-2380.

[48] LIU Z Q, MARDER T B. B—N versus C—C: how similar are they? [J]. Angewandte Chemie International Edition, 2008, 47(2): 242-244.

[49] BLASE X, RUBIO A, LOUIE S G, et al. Stability and band gap constancy of boron nitride nanotubes [J]. Europhysics Letters, 1994, 28(5): 335-340.

[50] TERRONES M, ROMO-HERRERA J M, CRUZ-SILVA E, et al. Pure and doped boron nitride nanotubes [J]. Materials Today, 2007, 10(5): 30-38.

[51] LAURET J S, ARENAL R, DUCASTELLE F, et al. Optical transitions in single-wall boron nitride nanotubes [J]. Physical Review Letters, 2005, 94(3): 037405 (4pp).

[52] WU J, HAN W Q, WALUKIEWICZ W, et al. Raman spectroscopy and time-resolved photoluminescence of BN and $B_xC_yN_z$ nanotubes [J]. Nano Letters, 2004, 4(4): 647-650.

[53] JAFFRENNOU P, DONATINI F, BARJON J, et al. Cathodoluminescence imaging and spectroscopy on a single multiwall boron nitride nanotube [J]. Chemical Physics Letters, 2007, 442(4-6): 372-375.

[54] CHEN Y, ZOU J, CAMPBELL S J, et al. Boron nitride nanotubes: pronounced resistance to oxidation [J]. Applied Physics Letters, 2004, 84(13): 2430-2432.

[55] GOLBERG D, BANDO Y, KURASHIMA K, et al. Synthesis and characterization of ropes made of BN multiwalled nanotubes [J]. Scripta Materialia, 2001, 44(8-9): 1561-1565.

[56] XU Z, GOLBERG D, BANDO Y. In situ TEM-STM recorded kinetics of boron nitride nanotube failure under current flow [J]. Nano Letters, 2009, 9(6): 2251-2254.

[57] ZOBELLI A, GLOTER A, EWELS C P, et al. Electron knock-on cross section of carbon and boron nitride nanotubes [J]. Physical Review B, 2007, 75(24): 245402 (9pp).

[58] DUMITRICĂ T, YAKOBSON B I. Rate theory of yield in boron nitride nanotubes [J]. Physical Review B, 2005, 72(3): 035418 (5pp).

[59] GOLBERG D, COSTA P M F J, LOURIE O, et al. Direct force measurements and kinking under elastic deformation of individual multiwalled boron nitride nanotubes [J]. Nano Letters, 2007, 7(7): 2146-2151.

[60] WEI X, WANG M S, BANDO Y, et al. Tensile tests on individual multi-walled boron nitride nanotubes [J]. Advanced Materials, 2010, 22(43): 4895-4899.

[61] GOLBERG D, BAI X D, MITOME M, et al. Structural peculiarities of in situ deformation of a multi-walled BN nanotube inside a high-resolution analytical transmission electron microscope [J]. Acta Materialia, 2007, 55(4): 1293-1298.

[62] BERBER S, KWON Y K, TOMÁNEK D. Unusually high thermal conductivity of carbon nanotubes [J]. Physical Review Letters, 2000, 84(20): 4613-4616.

[63] CHANG C W, OKAWA D, GARCIA H, et al. Breakdown of Fourier's law in nanotube thermal conductors [J]. Physical Review Letters, 2008, 101(7): 075903 (4pp).

[64] XIAO Y, YAN X H, XIANG J, et al. Specific heat of single-walled boron nitride nanotubes [J]. Applied Physics Letters, 2004, 84(23): 4626 (3pp).

[65] FUJII M, ZHANG X, XIE H, et al. Measuring the thermal conductivity of a single carbon nanotube [J]. Physical Review Letters, 2005, 95(6): 065502 (4pp).

[66] CHEN R B, CHANG C P, SHYU F L, et al. Optical excitations of bo-

ron nitride ribbons and nanotubes [J]. Solid State Communications, 2002, 123(8): 365-369.

[67] GUO G Y, LIN J C. Systematic ab initio study of the optical properties of BN nanotubes [J]. Physical Review B, 2005, 71 (16): 165402 (12pp).

[68] CHEN W, YU G T, GU F L, et al. Investigation on the electronic structures and nonlinear optical properties of pristine boron nitride and boron nitride-carbon heterostructured single-wall nanotubes by the elongation method [J]. The Journal of Physical Chemistry C, 20009, 113(19): 8447-8454.

[69] MARINOPOULOS A G, WIRTZ L, MARINI A, et al. Optical absorption and electron energy loss spectra of carbon and boron nitride nanotubes: a first-principles approach [J]. Applied Physics A, 2004, 78 (8): 1157-1167.

[70] NG M F, ZHANG R Q. Optical spectra of single-walled boron nitride nanotubes [J]. Physical Review B, 2004, 69(11): 115417 (6pp).

[71] CHEN C W, LEE M H, LIN Y T. Electro-optical modulation for a boron nitride nanotube probed by first-principles calculations [J]. Applied Physics Letters, 2006, 89(22): 223105 (3pp).

[72] TANG C C, BANDO Y, ZHI C Y, et al. Boron-oxygen luminescence centres in boron-nitrogen systems [J]. Chemical Communications, 2007, 7(44): 4599-4601.

[73] CHEN Z G, ZOU H, LIU G, et al. Long wavelength emissions of periodic yard-glass shaped boron nitride nanotubes [J]. Applied Physics Letters, 2009, 94(2): 023105 (3pp).

[74] JAFFRENNOU P, BARJON J, SCHMID T, et al. Near-band-edge recombinations in multiwalled boron nitride nanotubes: cathodoluminescence and photoluminescence spectroscopy measurements [J]. Physical

Review B, 2008, 77(23): 235422 (7pp).

[75] ZHI C Y, BANDO Y, TANG C C, et al. Phonon characteristics and cathodoluminninescence of boron nitride nanotubes [J]. Applied Physics Letters, 2005, 86(21): 213110 (3pp).

[76] XU S, FAN Y, LUO J, et al. Phonon characteristics and photoluminesence of bamboo structured silicon-doped boron nitride multiwall nanotubes [J]. Applied Physics Letters, 2007, 90(1): 013115 (3pp).

[77] ZHONG B, HUANG X, WEN G, et al. Large-scale fabrication of boron nitride nanotubes via a facile chemical vapor reaction route and their cathodoluminescence properties [J]. Nanoscale Research Letters, 2011, 6(1): 36 (8pp).

[78] CHEN R B, SHYU F L, CHANG C P, et al. Optical properties of boron nitride nanotubes [J]. Journal of the Physical Society of Japan, 2002, 71(9): 2286-2289.

[79] BERZINA B, TRINKLER L, KRUTOHVSTOV R, et al. Photoluminescence excitation spectroscopy in boron nitride nanotubes compared to microcrystalline h-BN and c-BN [J]. Physica Status Solidi C, 2005, 2(1): 318-321.

[80] WILLIAMS R T, UCER K B, CARROLL D L, et al. Photoluminescence of self-trapped excitons in boron nitride nanotubes [J]. Journal of Nanoscience and Nanotechnology, 2008, 8(12): 6504-6508.

[81] CHEN H, CHEN Y, LI C P, et al. Eu-doped boron nitride nanotubes as a nanometer-sized visible-light source [J]. Advanced Materials, 2007, 19(14): 1845-1848.

[82] WU J, ZHANG W. Tuning the magnetic and transport properties of boron-nitride nanotubes via oxygen-doping [J]. Solid State Communications, 2009, 149(11-12): 486-490.

[83] HE K H, ZHENG G, CHEN G, et al. First principles study of the elec-

tronic structure and ferromagnetism of the V-doped BN (5,5) nanotube [J]. Modern Physics Letters B, 2008, 22(18): 1749-1756.

[84] LI F, ZHU Z H, YAO X D, et al. Fluorination-induced magnetism in boron nitride nanotubes from ab initio calculations [J]. Applied Physics Letters, 2008, 92(10): 102515 (3pp).

[85] LI F, ZHU Z H, ZHAO M W, et al. Ab initio calculations on the magnetic properties of hydrogenated boron nitride nanotubes [J]. The Journal of Physical Chemistry C, 2008, 112(42): 16231-16235.

[86] RAHMAN G, HONG S C. Possible magnetism of Be-doped boron nitride nanotubes [J]. Journal of Nanoscience and Nanotechnology, 2008, 8(9): 4711-4713.

[87] HE K H, ZHENG G, CHEN G, et al. The electronic structure and ferromagnetism of TM (TM = V, Cr, and Mn)-doped BN (5,5) nanotube: a first-principles study [J]. Physica B, 2008, 403(23-24): 4213-4216.

[88] OKU T, KUNO M. Synthesis, argon/hydrogen storage and magnetic properties of boron nitride nanotubes and nanocapsules [J]. Diamond and Related Materials, 2003, 12(3-7): 840-845.

[89] KOLODIAZHNYI T, GOLBERG D. Paramagnetic defects in boron nitride nanostructures [J]. Chemical Physics Letters, 2005, 413(1-3): 47-51.

[90] PANICH A M, SHAMES A I, FROUMIN N, et al. Magnetic resonance study of multiwall boron nitride nanotubes [J]. Physical Review B, 2005, 72(8): 085307 (6pp).

[91] LAN H P, YE L H, ZHANG S, et al. Transverse dielectric properties of boron nitride nanotubes by ab initio electric field calculations [J]. Applied Physics Letters, 2009, 94(18): 183110 (3pp).

[92] CHEN C W, LEE M H, CLARK S J. Band gap modification of single-

walled carbon nanotube and boron nitride nanotube under a transverse electric field [J]. Nanotechnology, 2004, 15(12): 1837-1843.

[93] ISHIGAMI M, SAU J D, ALONI S, et al. Observation of the giant stark effect in boron-nitride nanotubes [J]. Physical Review Letters, 2005, 94(5): 056804 (4pp).

[94] MELE E J, KRÁP L. Electric polarization of heteropolar nanotubes as a geometric phase [J]. Physical Review Letters, 2002, 88(5): 056803 (4pp).

[95] CUMINGS J, ZETTL A. Field emission properties of boron nitride nanotubes [C]. New York: AIP Conference Proceedings Series, American Institute of Physics, 2001, 577-580.

[96] TANG C C, BANDO Y, HUANG Y, et al. Fluorination and electrical conductivity of BN nanotubes [J]. Journal of the American Chemical Society, 2005, 127(18): 6552-6553.

[97] DOROZHKIN P, GOLBERG D, BANDO Y, et al. Field emission from individual B-C-N nanotube rope [J]. Applied Physics Letters, 2002, 81(6): 1083-1085.

[98] GOLBERG D, BANDO Y, DOROZHKIN P, et al. Synthesis, analysis, and electrical property measurements of nanotubes in the B-C-N system [J]. MRS Bulletin, 2004, 29(1):38-42.

[99] RADOSAVLJEVIC M, APPENZELLER J, DERYCKE V, et al. Electrical properties and transport in boron nitride nanotubes [J]. Applied Physics Letters, 2003, 82(23): 4131 (3pp).

[100] BAI X, GOLBERG D, BANDO Y, et al. Deformation-driven electrical transport of individual boron nitride nanotubes [J]. Nano Letters, 2007, 7(3): 632-637.

[101] ZHI C Y, BANDO Y, TANG C C, et al. Engineering of electronic structure of boron-nitride nanotubes by covalent functionalization [J].

Physical Review B, 2006, 74(15): 153413 (4pp).

[102] ZHENG F W, ZHOU G, SHAO S G, et al. Structural characterizations and electronic properties of boron nitride nanotube crystalline bundles [J]. Journal of Chemical Physics, 2005, 123(12): 124716 (5pp).

[103] YUM K, YU M F. Measurement of wetting properties of individual boron nitride nanotubes with the wilhelmy method using a nanotube-based force sensor [J]. Nano Letters, 2006, 6(2): 329-333.

[104] LEE C H, DRELICH J, YAP Y K. Superhydrophobicity of boron nitride nanotubes grown on silicon substrates [J]. Langmuir, 2009, 25(9): 4853-4860.

[105] ZHI C Y, BANDO Y, TERAO T, et al. Dielectric and thermal properties of epoxy/boron nitride nanotube composites [J]. Pure Applied Chemistry, 2010, 82(11): 2175-2183.

[106] REDDY A L M, TANUR A E, WALKER G C. Synthesis and hydrogen storage properties of different types of boron nitride nanostructures [J]. International Journal of hydrogen Energy, 2010, 35(9): 4138-4143.

[107] CHEN X, GAO X P, ZHANG H, et al. Preparation and electrochemical hydrogen storage of boron nitride nanotubes [J]. The Journal of Physical Chemistry B, 2005, 109(23): 11525-11529.

[108] MA R Z, BANDO Y, ZHU H W, et al. Hydrogen uptake in boron nitride nanotubes at room temperature [J]. Journal of the American Chemical Society, 2002, 124(26): 7672-7673.

[109] TANG C C, BANDO Y, DING X, et al. Catalyzed collapse and enhanced hydrogen storage of BN nanotubes [J]. Journal of the American Chemical Society, 2002, 124(49): 14550-14551.

[110] ZHOU Z, ZHOU J, CHEN Z, et al. Comparative study of hydrogen adsorption on carbon and BN nanotubes [J]. The Journal of Physical Chemistry B, 2006, 110(27): 13363-13369.

[111] FOLDVARI M, BAGONLURI M. Carbon nanotubes as functional excipients for nanomedicines: I. Pharmaceutical properties [J]. Nanomedicine: Nanotechnology, Biology and Medicine, 2008, 4(3): 173-182.

[112] FOLDVARI M, BAGONLURI M. Carbon nanotubes as functional excipients for nanomedicines: II. Drug delivery and biocompatibility issues [J]. Nanomedicine: Nanotechnology, Biology and Medicine, 2008, 4(3): 183-200.

[113] CIOFANI G, RAFFA V, MENCIASSI A, et al. Folate functionalized boron nitride nanotubes and their selective uptake by glioblastoma multiforme cells: implications for their use as boron carriers in clinical boron neutron capture therapy [J]. Nanoscale Research Letters, 2008, 4(2):113-121.

[114] CIOFANI G, RAFFA V, MENCIASSI A, et al. Boron nitride nanotubes: an innovative tool for nanomedicine [J]. Nano Today, 2009, 4(1): 8-10.

[115] CIOFANI G, RAFFA V, MENCIASSI A, et al. Cytocompatibility, interactions, and uptake of polyethyleneimine-coated boron nitride nanotubes by living cells: confirmation of their potential for biomedical applications [J]. Biotechnology and Bioengineering, 2008, 101(4): 850-858.

[116] CIOFANI G, RAFFA V, YU J, et al. Boron nitride nanotubes: A novel vector for targeted magnetic drug delivery [J]. Current Nanoscience, 2009, 5(1): 33-38.

[117] CHEN X, WU P, ROUSSEAS M, et al. Boron nitride nanotubes are noncytotoxic and can be functionalized for interaction with proteins and cell [J]. Journal of the American Chemical Society, 2009, 131(3): 890-891.

[118] LAHIRI D, SINGH V, BENADUCE A P, et al. Boron nitride nanotube reinforced hydroxyapatite composite: mechanical and tribological performance and in-vitro biocompatibility to osteoblasts [J]. Journal of the Mechanical Behavior of Biomedical Materials, 2011, 4(1): 44-56.

[119] LAHIRI D, ROUZAUD F, RICHARD T, et al. Boron nitride nanotube reinforced polylactide-polycaprolactone copolymer composite: mechanical properties and cytocompatibility with osteoblasts and macrophages in vitro [J]. Acta Biomaterialia, 2010, 6(9): 3524-3533.

[120] LAHIRI D, SINGH V, KESHRI A K, et al. Apatite formability of boron nitride nanotubes [J]. Nanotechnology, 2011, 22(20): 205601 (8pp).

[121] SUN C H, YU H X, XU L Q, et al. Recent development of the synthesis and engineering applications of one-dimensional boron nitride nanomaterials [J]. Journal of Nanomaterials, 2010, 2010: 163561 (16pp).

[122] HUANG Q, BANDO Y, ZHAO L, et al. pH sensor based on boron nitride nanotubes [J]. Nanotechnology, 2009, 20 (41): 415501 (6pp).

[123] GOLBERG D, DOROZHKIN P S, BANDO Y, et al. Structure, transport and field-emission properties of compound nanotubes: CN_x VS. BNC_x(x<0.1) [J]. Applied Physics A, 2003, 76(4): 499-507.

[124] BELONENKO M B, LEBEDEV N G. Two-qubit cells made of boron nitride nanotubes for a quantum computer [J]. Technical Physics, 2009, 54(3): 338-342.

第 2 章　氮化硼纳米管制备

由于 BNNTs 性能优异，如何大批量制备一直是该领域研究的热点之一。到目前为止，各国的科研工作者对于 BNNTs 的制备方法进行了大量的研究工作，也取得了很多不错的成绩。常见的制备方法包括电弧放电法、激光烧蚀法、化学气相沉积法、球磨法、模板法等。

2.1　氮化硼纳米管制备方法简介

2.1.1 电弧放电法

来自美国加州大学伯克利分校的 Chopra 等人就是通过电弧放电法于 1995 年首次合成出 BNNTs，其 TEM 图如图 2.1 所示[1]。由于 BN 的绝缘性，不能用作电极，他们将直径为 3.17 mm、压实的 BN 棒插入外径为 6.3 mm的空心钨电极中作为阳极，用铜电极作为阴极。在 He 环境中，经过电弧放电，在铜电极上发现了黑灰色的沉积物，其中发现了多壁 BNNTs，但产量较低。在制备过程中，温度极高，超过了钨的熔点(3 700 K)。同时，制备的 BNNTs 大多在端帽上包覆有金属的纳米颗粒。他们认为这些纳米颗粒是制备过程中钨电极造成的，对于纳米管的形核和生长起到了一定的促进作用。

1996 年，Loiseau 等人对电弧放电法进行了改进[2]。他们利用石墨和 HfB_2分别作为阴极和阳极，在 N_2环境中进行实验。在产物中含有较多的 BNNTs，甚至包括单壁和双壁 BNNTs。而 Terrones 等人则利用充满 BN 的钽管和水冷的铜片作为两极制备出 BNNTs[3]。1999 年，Saito 和 Maida 利用 ZrB_2作为电极，在高纯的 N_2环境中通过电弧放电，也成功地制备出多壁 BNNTs[4]。

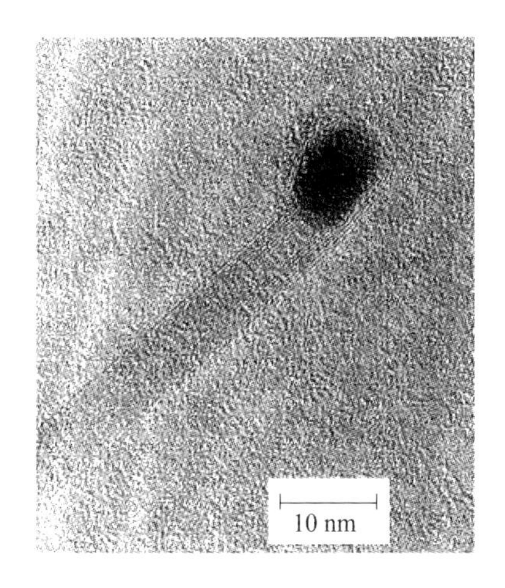

图 2.1 电弧放电法制备的 BNNTs 的 TEM 图[1]

2.1.2 激光烧蚀法

最早利用激光烧蚀法制备 BNNTs 的工作是由 Golberg 等人在 1996 年完成的[5]。将 BN 靶材置于充满液氮的金刚石砧中，通过挤压金刚石砧在反应室中产生 10 ~20 GPa 的压力，激光烧蚀 BN 靶材表面的温度可达到 5 000 ℃。在熔融的产物中可以发现部分较短的 BNNTs，大部分产物为无定形、六方和立方的 BN 片。

1998 年，Yu 等人利用催化剂辅助的激光烧蚀法成功地制备出 BNNTs[6]。他们将 BN 粉和纳米尺度的 Ni，Co 在 150 ℃热压成靶材。在不同的载气条件下，在 1 200 ℃温度下进行激光烧蚀，然后收集烧蚀的产物。有趣的是，当载气为 Ar 或 He 时，产物多为单壁 BNNTs；而载气为 N_2时，产物则主要为双壁 BNNTs。Lee 等人在随后的实验中在没有使用催化剂的情况下，利用激光烧蚀法制备出了 BNNTs[7]。该方法合成的多为锯齿形的单壁 BNNTs，并且以较长的束状存在，其中夹杂着一些双壁和多壁的产物。

2009 年，美国科学家 Smith 等人发展了一种改进的激光烧蚀法，称为加压的气相/冷凝法[8]。这种方法被认为是一种非常有希望大规模生产 BNNTs 的方法。他们利用高能激光（> 4 000 ℃）加热靶材，从而产生 B 蒸汽。靶材分别使用热压或者冷压的 BN，或者无定形的 B 粉，氮源使用加压的 N_2(2 ~20 倍大气压)。一个含有 BN，B，不锈钢，Cu，Nb 和 W 等原料构成的线、带、棒等作为激发其均匀形核的冷凝器。利用这种方法可以一次性合成数百毫克壁较少的 BNNTs,制备的 BNNTs 的 SEM 和 TEM 图,如图 2.2 所示。

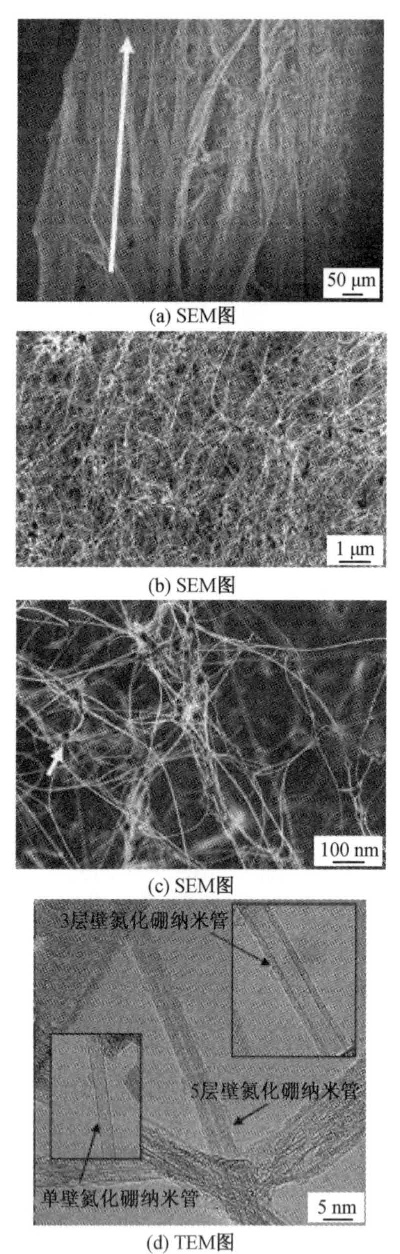

图 2.2　加压的气相/冷凝法制备的 BNNTs 的 SEM 和 TEM 图[8]

2.1.3 化学气相沉积法和化学合成法

化学气相沉积(Chemical Vapor Deposition,CVD)法是利用气态或者蒸气态的物质在气相或者气固界面上发生化学反应,生产固态沉积物的技术。

CVD 法是制备 CNTs 常用的方法,同样很多研究人员尝试用 CVD 法合成 BNNTs。最先报道使用 CVD 法制备 BNNTs 的是 Lourie 等人[9]。他们在 300 ~400 ℃加热 $NaBH_4$,$(NH_4)_2SO_4$和 Co_3O_4的混合物原位生成硼氮烷,以此作为前驱体,Co,Ni,NiB 和 NiN_2作为催化剂,在 1 000 ~1 200 ℃合成出 BNNTs。该方法合成的 BNNTs 最长可达 5 mm,通常带有球根状、旗子状或者棍棒状的端帽。该实验的生长机理图和制备的 BNNTs 的 SEM 图如图 2.3 所示。Ma 等人利用由三聚氰胺・硼砂($C_3N_6H_6 \cdot 2H_3BO_3$)生成的 B-N-O 的化合物作为前驱体,在不使用催化剂的情况下,1 700 ℃下 N_2环境中 2 h 合成出 BNNTs[10]。其中无定形的 B-N-O 团簇封装在端口处,起到了类似于催化剂的作用,促进了 BNNTs 的生成。Tang 等人以 B、金属氧化物和氨气作为反应物,利用 CVD 法制备了 BNNTs[11]。该方法将反应物和生成物分开,可以有效地避免 BNNTs 被反应物污染,保证产物的纯度。Wang 等人利用等离子增强的脉冲激光沉积法在 600 ℃的低温下,在沉积有 Fe 膜的基底上合成出结晶程度较好、排列整齐的 BNNTs 团簇体,每个团簇体含有数量不等的 BNNTs[12]。

另外,各国的科学家在 CVD 法的基础上发展了很多其他的化学合成法。这些合成法并非标准的 CVD 法,但是其中也利用了 CVD 法典型的思想,可以算作类 CVD 法。Koi 等人在 N_2的保护下,将 Fe_4N 和 B 的混合粉体在 1 000 ℃退火数小时便获得了 BNNTs[13]。而 Terauchi 等人通过将 B 和 BN 的混合物在 Li 蒸气的环境中 1 200 ℃温度下退火 10 ~20 h 同样获得了 BNNTs[14]。

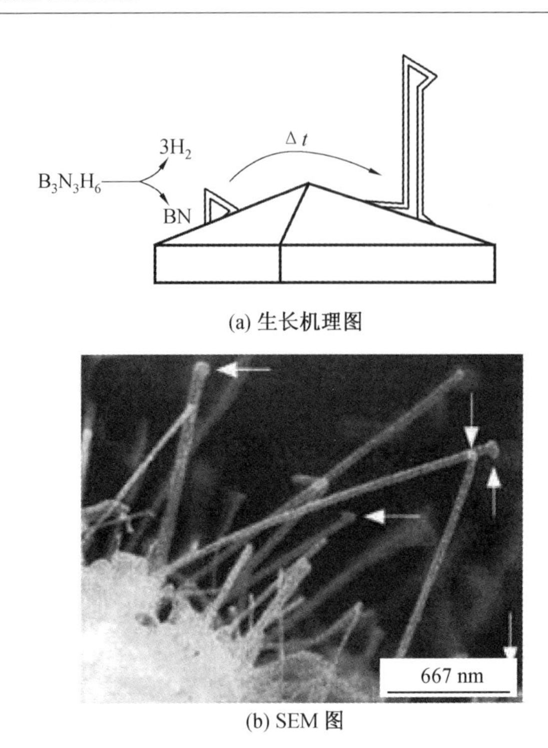

(a) 生长机理图

(b) SEM 图

图 2.3 CVD 法制备的 BNNTs 的生长机理图和 SEM 图[9]

近年发展起来的利用流动催化剂的 CVD 法，也是一种有希望大规模生成 BNNTs 的方法[15]。他们同样利用硼氮烷作为前驱体，采用流动的二茂镍作为催化剂，通过有效地控制进入反应炉内氨气和氮气的流量，控制硼氮烷和二茂镍的进入量，从而成功地控制反应的进行以获得大量的结晶好的 BNNTs。

2.1.4 球磨法

Chen 的课题组最先使用球磨法制备出 BNNTs[16]。他们将 h-BN 球磨从而产生高度无序的或者无定形的纳米结构，然后将其在 1 300 ℃下退火，即获得圆柱状和竹节状的 BNNTs。该课题组认为在球磨过程中是引入的 Fe 颗粒起到了催化剂的作用，促进了 BNNTs 结构的形核和生长。由于这种方法产量过低，其中含有大量的无定形结构，该课题组又对这种方法进行了大量改进。随后他们采用 B 粉作为起始原料，并在球磨和退火过程中通氨气作为保护气，起到了较好的效果，有效地提高了 BNNTs 的产量[17-21]。在最近的一篇报道中，Chen 的课题组又进行了一系列的改进。他们将 B 粉和金属氮化物混合之后在乙醇中进行球磨形成类墨水的溶液，然后将此溶液进行退火，大大提高了 BNNTs 的产量，大量合成的 BNNTs 如图 2.4 所示[22]。引入的金属氮化物和乙醇在退火过程中促进了氮化反应的进行，所以提高了 BNNTs 的产量。

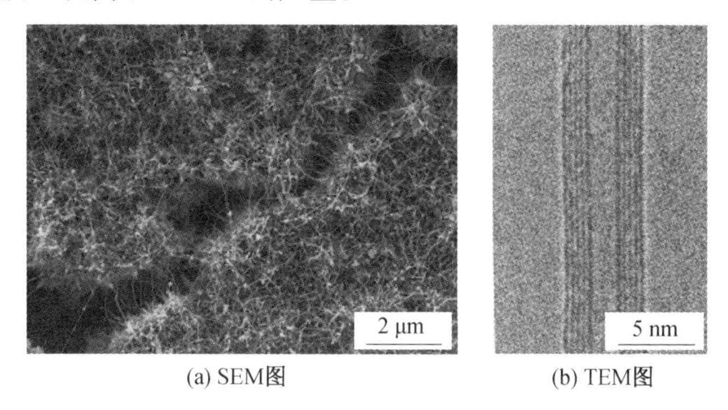

(a) SEM图　　(b) TEM图

图 2.4　球磨-退火法制备 BNNTs 的 SEM 和 TEM 图[22]

最近，来自韩国的 Kim 等人又深入地研究了球磨-退火制备 BNNTs 的过程[23]。研究结果证明，球磨过程中引入的 Fe 对于 BNNTs 的形成起到了至关重要的作用，包覆在 Fe 表面的无定形 B 是生成 BNNTs 的主要物质，而最终的 BNNTs 产量只与这部分无定形的 B 相关，而与球磨产物中有序的 B 无关。

2.1.5　模板法

最初的模板法是科研工作者利用 BNNTs 和 CNTs 的相似性，采用 CNTs 作为模板，通过一种替换反应来实现 BNNTs 的制备[24-28]。最初的研究成果源于 Han 等人的报道[24]。他们利用 B_2O_3和 C 之间的反应，以 N_2作为保护气和氮源，制备出直径和长度都与起始 CNTs 类似的 BNNTs。之后又经过研究发现，MoO_3的加入可以极大地提高 BNNTs 的产量[25]。但是，这种替换反应也容易形成 $B_xC_yN_z$的纳米管或者 C-BN-C 三明治结构的纳米管，由于 C 原子在纳米管的晶格中难以去除，因此后来较少被采用。

多孔氧化铝也是常用的模板之一，在制备 CNTs 的过程中也经常被采用。Shelimov 和 Moskovits 采用多孔氧化铝作为模板，利用 2,4,6-硼氮烷在 750 ℃分解填充氧化铝膜的孔来制备 BNNTs[29]。所获得的 BNNTs 直径约为 280 nm，壁厚为 100 nm，如图 2.5 所示。然而，该 BNNTs 为多晶结构，且由于微晶的定向排列造成 BN 的(001)晶面与 c 轴倾斜 25°。

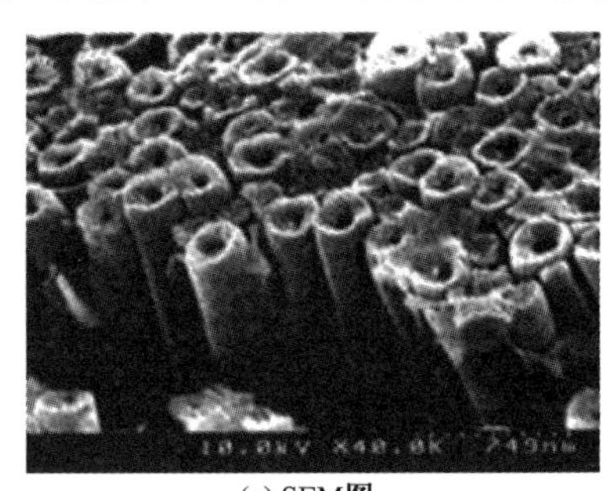

(a) SEM图

(b) TEM图

图 2.5 多孔氧化铝作为模板制备 BNNTs 的 SEM 和 TEM 图[29]

在另一项研究报道中，以 SiC 纳米线作为模板，硼烷氨作为前驱体来制备 BNNTs[30]。硼烷氨高温分解，分解产物沉积在 SiC 纳米线表面形成含有 B—N 的聚合物液体膜，而由于表面张力的作用在表面形成滴状。随着温度升高，B—N 聚合反应释放的 H_2 对于 SiC 具有侵蚀作用，最终模板消失，形成有竹节结构的 BNNTs。图 2.6 为 SiC 纳米线模板法制备的 BNNTs 的 SEM、TEM 图和选区电子衍射。

(a) SEM 图

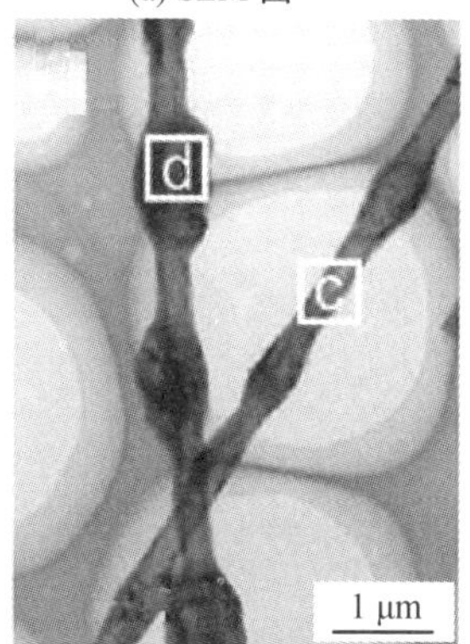

(b) TEM 图

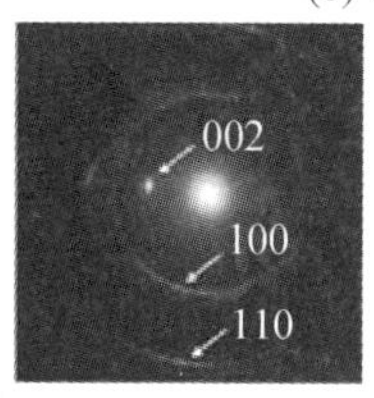

(c) 选区电子衍射

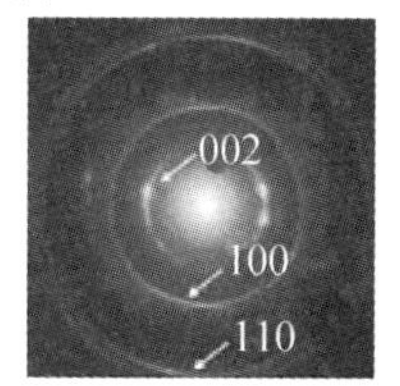

(d) 选区电子衍射

图 2.6　SiC 纳米线模板法制备的 BNNTs 的 SEM、TEM 图和选区电子衍射[30]

2.1.6　其他合成方法

由于 BNNTs 具有良好的物理化学性质，BNNTs 已经成为近些年研究的热点之一。除了上面提到的制备方法，各国的科研工作者也在尝试利用其他方法制备 BNNTs。籍凤秋等人通过 B_2O_3 和 C 作为基本原料，加入 NaCl 和 Fe 粉添加剂，用简单的碳热还原法，于 1 200 ℃温度下，在流动的氨气气氛中成功地合成了 BNNTs[31,32]。而李永利等人以 B_2O_3 为硼源，Mg 为还原剂和促进剂，$FeCl_2$ 为催化剂，利用镁热还原反应，于 1 500 ~ 1 600 ℃温度下，在流动的氨气中制备出多壁 BNNTs[33]。Bengu 和 Marks 利用低能电子回旋共振等离子体在 W 的基底上制备 BNNTs，并利用电子显微镜对其结构进行了研究[34]。而 Gu 的课题组利用自蔓延高温合成多孔前驱体，之后将前驱体高温退火制备 BNNTs[35]。

2.2 碳纳米管模板法制备氮化硼纳米管

本课题组利用 BNNTs 和 CNTs 的相似性，采用 CNTs 模板法制备 BNNTs。选择硼氢化钠和氯化铵作为硼源和氮源，在较低的温度下，在不锈钢高压反应釜中进行化学反应。选择的反应物在较低的温度便可分解，于气态状态下发生反应，产物沉积在 CNTs 表面形成一层均匀的包覆层。最终，通过在空气中氧化的方式除 C，得到纯净的 BNNTs。由于此方法反应温度低、设备简单，且产物纯度较高产量较大，因此能够满足复合材料制备的需要。

2.2.1 实验方法

BNNTs 的制备和处理过程如下：

(1) 根据实验要求，称取相应的反应物。

(2) 将称量的反应物混合均匀，装入高温高压反应釜中。

(3) 将反应釜封紧，放入坩埚电阻炉中加热到设计温度保温。

(4) 停止加热，反应釜随炉冷却到室温后打开。

(5) 取出产物，将产物放到烧杯中，进行后处理。

反应产物的后处理过程：

(1) 用 HCl 进行煮沸洗涤，然后用砂芯漏斗过滤，洗涤不少于三次。

(2) 用去离子水进行洗涤，煮沸，然后过滤，洗涤不少于三次。

(3) 将处理后的产物放到 50 ~ 60 ℃干燥箱中进行干燥。

(4) 将烘干后的产物在 800 ℃的空气中加热氧化,去掉 CNTs,得到纯净的 BNNTs。

2.2.2 实验结果与分析

图 2.7 为原始 CNTs 和反应产物氧化前后的 XRD 图谱。其中,图 2.7(a)为 CNTs 的 XRD 图,可以看出,在 $2\theta=26°$左右衍射峰是对称的。而在反应结束,CNTs 表面包覆了一层 BN 之后,可以看出在 $2\theta=26°$处的特征峰略向大角度方向移动,同时出现了明显的不对称结构,如图 2.7(b)所示。由于石墨和氮化硼的结构非常相似,在 XRD 图中很难将其完全分开。衍射峰的不对称性就是由于二者(002)晶面的叠加造成的。石墨的(002)晶面位于 $2\theta=26.380°$(JCPDS 41-1487),而 BN 的(002)晶面位于 $2\theta=26.748°$(JCPDS 34-0421),二者略有差别,所以造成衍射峰的不对称。从图 2.7(d)中能够更加清晰地观察到在 $2\theta=26°$左右的不对称性。而将产物经过氧化,其中的 C 元素除掉之后,只剩下了 BN 的衍射峰,又重新变得比较对称了,如图 2.7(c)所示。

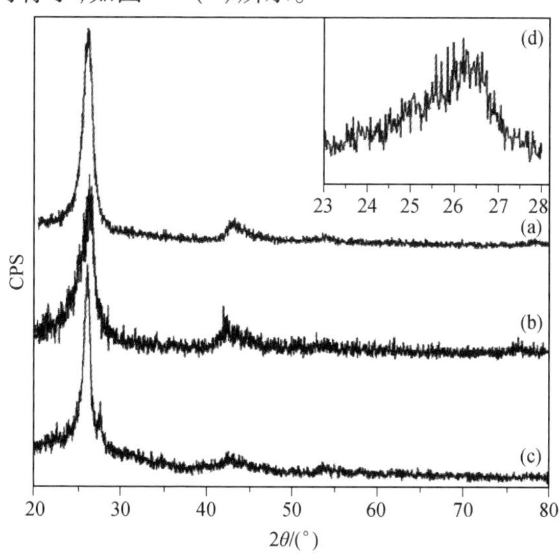

图 2.7 原始 CNTs (a)和产物氧化前(b)后(c)的 XRD 图谱及(b)中 $2\theta=23°\sim28°$范围的放大图(d)

对反应之后的产物进行了形貌和微观结构的分析。图2.8(a)为BNNTs氧化前,即在CNTs模板上包覆了BN之后的SEM图。工业生产的CNTs表面一般都是比较光滑的,但是反应之后在其表面包覆了一层BN,从图2.8(a)中可以明显地观察到表面变得非常粗糙,并且在某些地方有细小的颗粒。图2.8(b)为单根管壁的HRTEM图,由于BN的包覆层和CNTs结合得非常好,所以只能由HRTEM图中观察到二者的结合界面。从放大的插图中看得比较明显,CNTs的石墨层排列整齐,而外层的BN则要略差一些。反应之后,BN包覆在CNTs的表面,继承了CNTs的表面形貌和结构。同时从图中可以看出,BN包覆层厚度比较均匀。

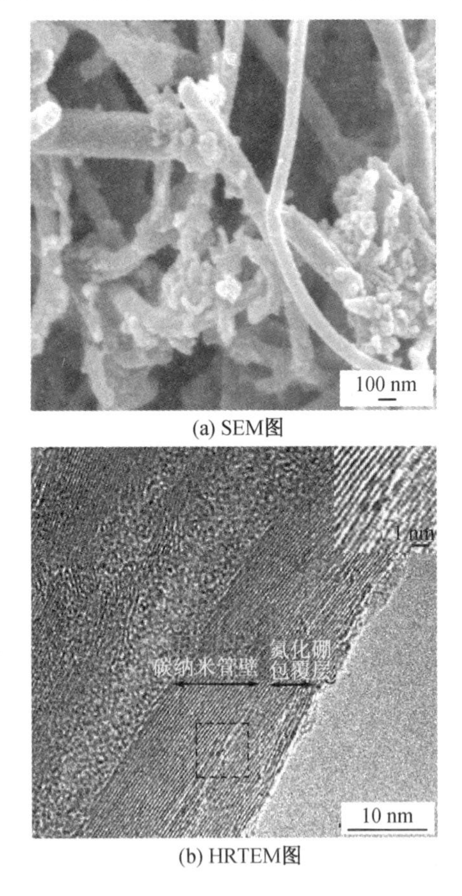

(a) SEM图

(b) HRTEM图

图2.8 BNNTs氧化前的SEM和HRTEM图,插图是方框区域的放大图

为了进一步验证 CNTs 模板表面 BN 包覆层的均匀性，进行了表面元素的 EDS 分析。图 2.9 是未氧化处理的 BNNTs 的 SEM 图以及 C，B 和 N 元素的面分布图。其中，图 2.9(a)是纳米管的 SEM 图，(b)，(c)和(d)分别为 C，B 和 N 元素在其表面的分布。尤其在图 2.9(c)和(d)中可以观察到，B 和 N 两种元素在纳米管的表面均有分布，而且比较均匀。

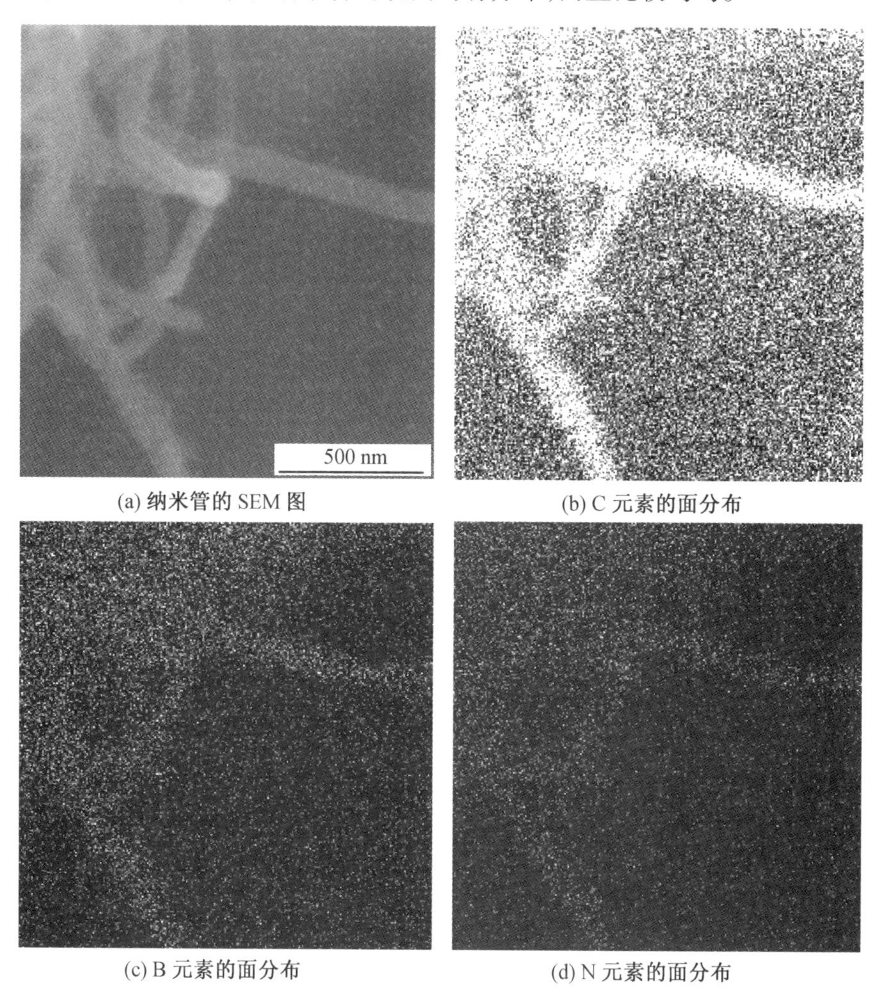

(a) 纳米管的 SEM 图　(b) C 元素的面分布
(c) B 元素的面分布　(d) N 元素的面分布

图 2.9　未氧化处理的 BNNTs 的 SEM 图以及 C，B，N 元素的面分布

为了进一步确定 CNTs 包覆 BN 之后的元素信息，利用 XPS 对表面的 BN 包覆层进行了分析，如图 2.10 所示。其中，图 2.10(a)为元素的全谱

图,图2.10(b)和(c)分别为B1s和N1s单谱图。从图2.10(a)中可以看出,CNTs包覆了BN之后,表面含有B,N,C和O四种元素。O元素的存在主要是源于材料对于空气中O_2和CO_2等含氧气体的吸附,或者表面BN层的些许氧化。在B1s和N1s单谱图中,都只有一个峰存在。其中,B1s单谱的峰位于190.4 eV,结合能与h-BN中的B-N结合能相符(190.8 eV)。而N1s单谱中的峰位于398.1 eV,同样与h-BN中的B-N结合能相符(398.4 eV)。这两个单谱完全证明了,在CNTs的表面成功地包覆了BN。同时,在B1s和N1s单谱图中并没有发现B和C或者N和C之间的结合特征峰,也证明了在CNTs表面的包覆层中,完全是以BN的形态存在,并没有与CNTs之间发生化学反应。

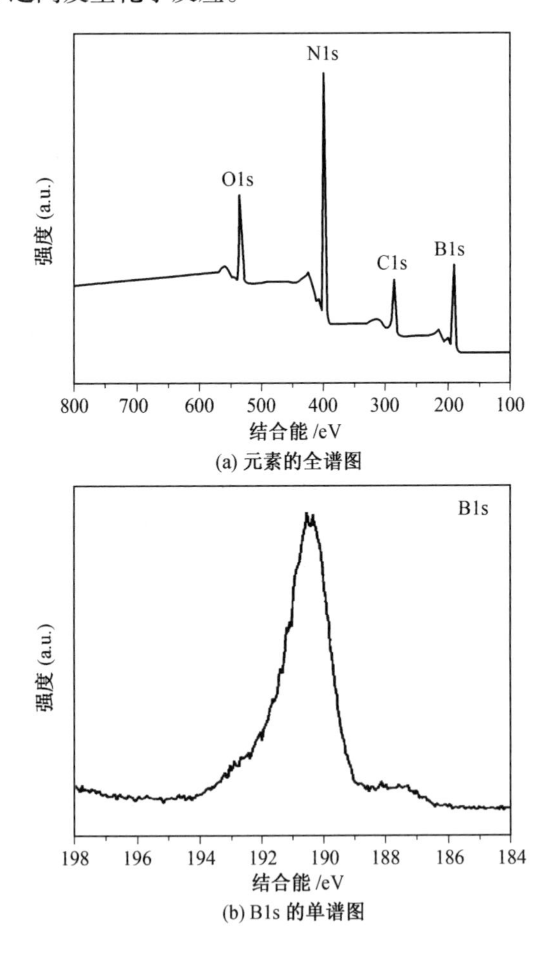

(a) 元素的全谱图

(b) B1s 的单谱图

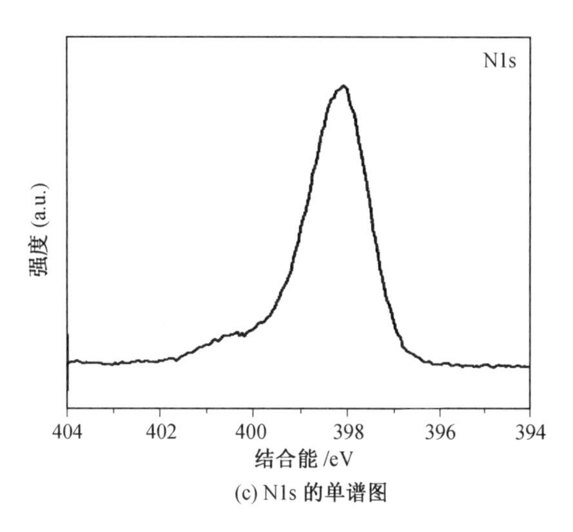

(c) N1s 的单谱图

图 2.10 未氧化处理的 BNNTs 以及 B1s、N1s 的 XPS 图谱

图 2.11 为 BNNTs 未氧化之前的 FT-IR 谱(傅里叶红外光谱)。从图中可以观察到四个明显的峰,其中位于 1 380 cm^{-1}的峰是 B—N 之间的伸缩振动峰,而位于 810 cm^{-1}的峰源于 B—N—B 的弯曲振动。这两个峰均是 h-BN 的特征峰,从而证明了 CNTs 表面成功地包覆了 BN。位于 3 430 cm^{-1}的峰是水的特征峰,源于材料表面吸附了空气中的水分。位于 2 450 cm^{-1}处比较弱的峰是由于 B—H 键造成的。

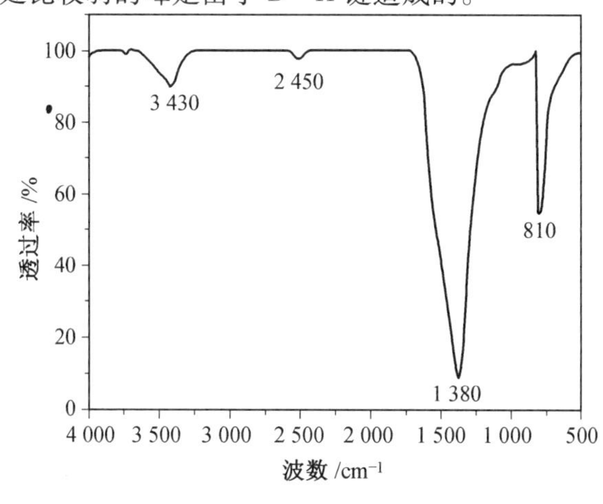

图 2.11 BNNTs 未氧化之前的 FT-IR 图谱

实验用 CNTs 以及 BNNTs 在氧化前后的形貌用 TEM 来表征。图 2.12 为相应的特征 TEM 形貌图和 BNNTs 的选区电子衍射图。图 2.12(a)为实验用的 CNTs,表面光滑,直径多在 100 nm 以下,长度从几微米到几十微米。同时,从图中可以看出该 CNTs 管壁较厚,管腔较小。当在 CNTs 表面包覆了 BN 之后,形貌没有发生变化,说明 BN 继承了 CNTs 的形貌,在其表面上均匀分布了一层,如图 2.12(b)所示。在氧化处理之后,C 元素被除掉,制备了纯净的 BNNTs,形貌如图 2.12(c)所示。从图中可见,BNNTs 继承了 CNTs 的形貌,只是在内部的 C 氧化之后,管腔变大。图 2.12(d)所示

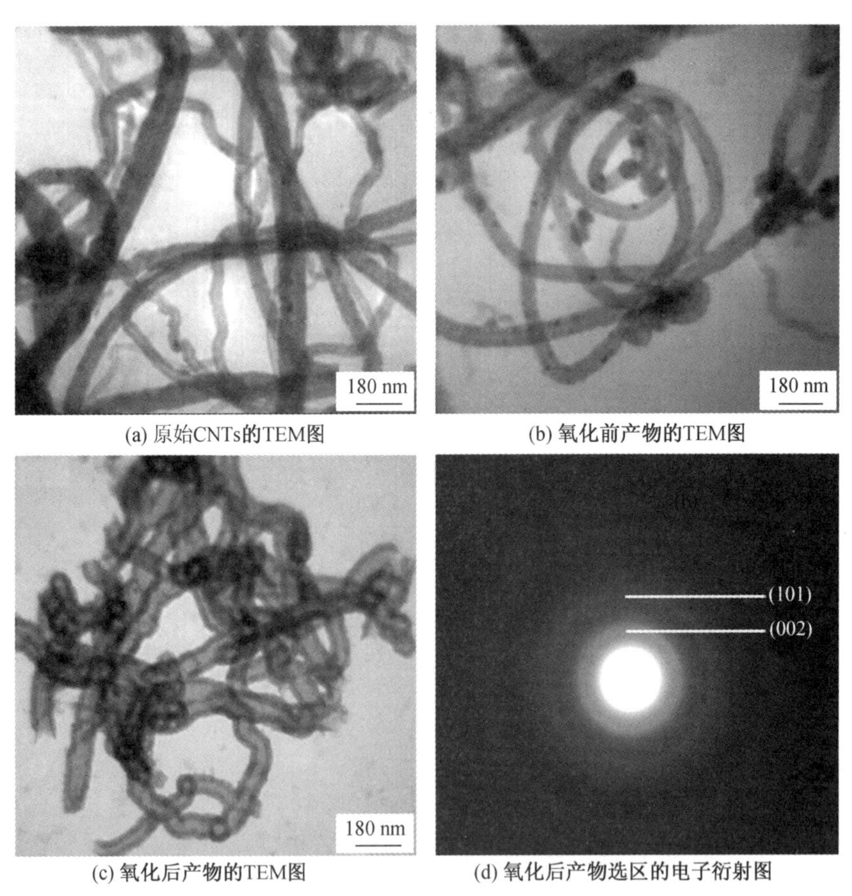

(a) 原始CNTs的TEM图
(b) 氧化前产物的TEM图
(c) 氧化后产物的TEM图
(d) 氧化后产物选区的电子衍射图

图 2.12 不同阶段产物的典型 TEM 图,原始 CNTs、氧化前产物、氧化后产物的 TEM 图和氧化后产物的选区电子衍射图

为图 2.12(c)中制备的 BNNTs 的选区电子衍射，其中比较明显的两个衍射环为 h-BN 的(002)和(101)晶面，又进一步验证了制备的产物为 BNNTs。

如图 2.13(a)所示，制备的 BNNTs 的管壁较薄，能够清楚地观察到管腔，同时壁厚均匀，没有明显的缺陷。从图 2.13(b)的 HRTEM 图中能更明显地观察到这一特点。

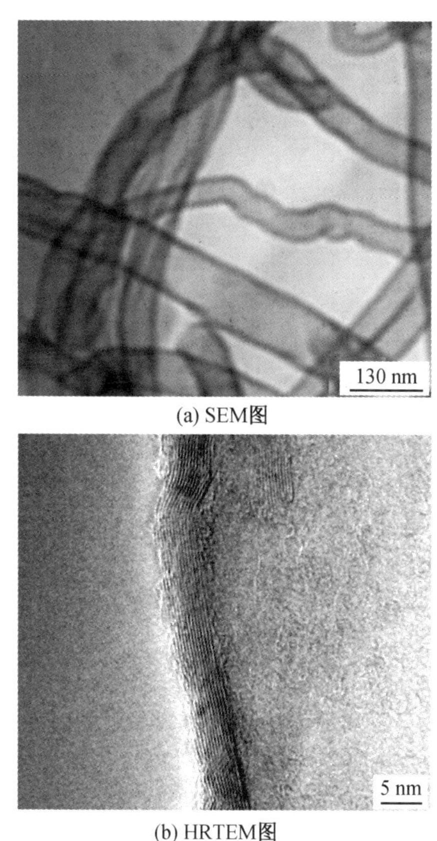

(a) SEM图

(b) HRTEM图

图 2.13 BNNTs 的 TEM 和 HRTEM 图

图 2.14 为纯 CNTs 和包覆 BN 之后的 CNTs 在空气气氛中测试的 TG 曲线。图 2.14 中曲线(1)是纯 CNTs 的 TG 曲线，曲线(2)是包覆 BN 的 CNTs 的 TG 曲线。曲线(1)中，500 ℃以下会出现少量的质量损失，其源于表面的吸附水的脱吸和部分无定形碳的氧化。而在 600 ~ 700 ℃之间，能观察到 CNTs 的剧烈氧化，质量损失直线增加，直到 700 ℃左右，几乎氧化

完全,所剩下的是少量的杂质和相应的金属催化剂。而通过观察曲线(2)可以看出,表面包覆的 BN 有效地提高了 CNTs 的抗氧化能力。直到接近 700 ℃时,才出现 CNTs 的剧烈氧化。当温度超过 780 ℃时,产物的质量趋于稳定,说明其中的 CNTs 已被完全清除掉了。继续升温,会造成 BNNTs 的氧化,所以质量逐渐增加。因此,在制备 BNNTs 的过程中,选择的氧化温度在 800 ℃左右,既能有效地除 C,又不至于造成 BNNTs 的氧化。另外,从上面的测试可以看出,在 CNTs 表面包覆 BN 层也是一种保护 CNTs 的有效方式,可以提高其在氧化环境中的使用能力。

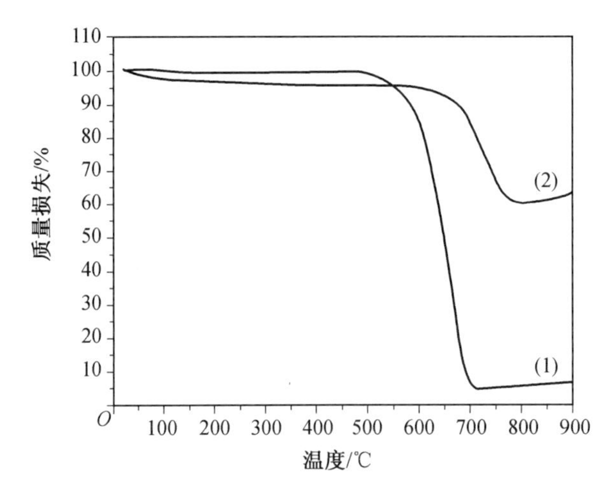

图 2.14　未包覆(1)和包覆(2) BN 的 CNTs 在空气气氛中的 TG 曲线

Brunauen 将吸附等温线分成 5 种类型。IV 型等温线由介孔固体产生,典型特征是吸附分支与脱附分支不一致,有迟滞回线,在 p/p_0 更高的区域可观察到一个平台。图 2.15(a)为制备的 BNNTs 的氮气吸附-脱附等温线,为典型的 IV 型吸附线,出现了明显的滞后现象,说明制备的 BNNTs 当中存在介孔。从图 2.15(b)所示的孔径分布曲线可以看出,产物的孔径主要分布在 5 nm 左右。通过图 2.15(a)所示的吸附-脱附等温线,计算出合成的 BNNTs 的比表面积为 106.635 m^2/g,而相同条件下测试的实验中使用的 CNTs 的比表面积仅为 1.540 m^2/g。如此大的比表面积可能由于制备的 BNNTs 多为开口结构,同时 BNNTs 的管腔比做模板的 CNTs

大造成的。这也与吸附-脱附等温线中出现的滞后现象相符合。具有这种纳米孔结构和大比表面积的 BNNTs,在气体吸附、储氢和电化学等领域有一定的应用前景。

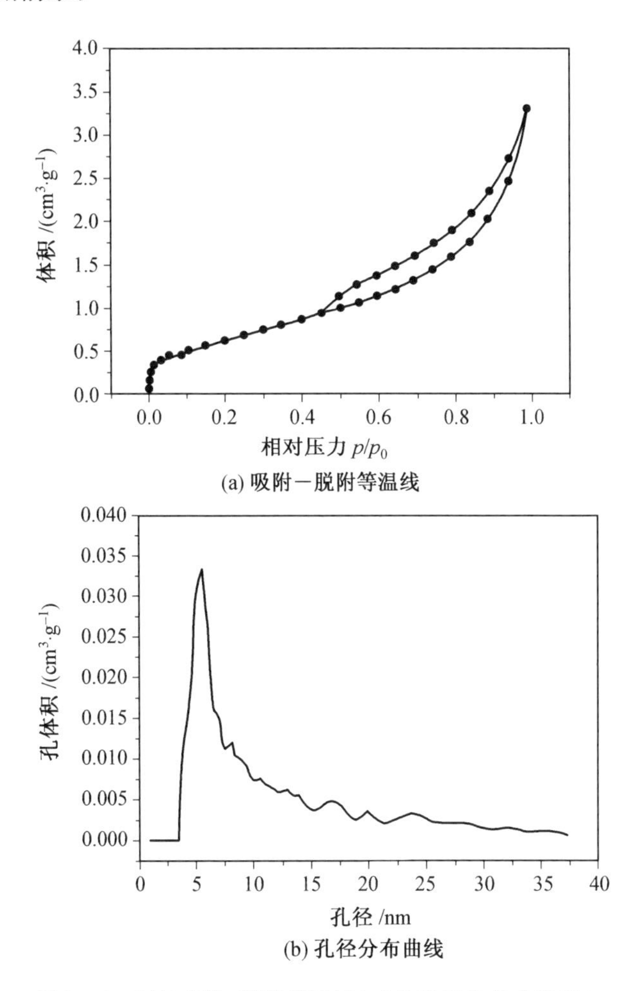

图 2.15 氮气吸附-脱附等温线(a)和孔径分布曲线(b)

2.2.3 BNNTs 的合成机理

通过对 BNNTs 制备过程中影响因素的研究和实验工艺的优化,从热力学和动力学方面对上述 BNNTs 的合成机理进行了相关的分析。

反应物和生成物的热力学参数见表 2.1。通过总的反应方程式为

$$NaBH_4 + NH_4Cl \xrightarrow{CNTs} BN + NaCl + 4H_2 \quad (2.1)$$

可以计算出该反应的相关热力学参数。

表 2.1 反应物和生成物的热力学参数

物质	$\Delta_f H_m^{\ominus}(298\ K)/(kJ \cdot mol^{-1})$	$\Delta_f G_m^{\ominus}(298\ K)/(kJ \cdot mol^{-1})$
$NaBH_4$	-188.6	-123.9
NH_4Cl	-314.4	-202.9
BN	-254.4	-228.4
NaCl	-411.2	-384.1
H_2	0	0

通过计算,该反应的 $\Delta_r G_m^{\ominus} = -285.7\ kJ \cdot mol^{-1}$,说明了该反应是可以进行的,也是与实验事实相符的。另外,该反应的 $\Delta_r H_m^{\ominus} = -162.6\ kJ \cdot mol^{-1}$,又说明该反应是一个放热反应。

该化学反应能够进行,成功地制备出 BNNTs,不仅与反应的热力学有关,与反应的动力学关系更为密切。通过前面的实验研究发现,当反应温度低于 500 ℃时,化学反应较难进行,几乎收集不到反应产物。当反应温度高于 500 ℃时,经过处理之后能收集到纯净的 BNNTs,并且随着温度的升高,产物的结晶性也有一定程度的改善。整个反应过程与所用反应物的性质是息息相关的。$NaBH_4$易分解,在 400 ℃左右分解生成 BH_3和 NaH。分解产生的 NaH 会迅速与 NH_4Cl 反应生成 NH_3,同时,NH_3和 BH_3生成 $B_3N_3H_6$。相关的化学反应方程式如下[36]:

$$NaBH_4 \longrightarrow BH_3 + NaH \quad (2.2)$$

$$NaH + NH_4Cl \longrightarrow NaCl + NH_3 + H_2 \quad (2.3)$$

$$3NH_3 + 3BH_3 \longrightarrow B_3N_3H_6 + 6H_2 \quad (2.4)$$

$B_3N_3H_6$对于最终合成 BNNTs 起到了至关重要的作用。由于在反应过程中生成的 $B_3N_3H_6$呈气态,所以能够均匀地分布在 CNTs 周围。最终,$B_3N_3H_6$分解生成 BN,均匀地包覆在 CNTs 表面上。$B_3N_3H_6$在较低的温度下,极难分解。在利用 CVD 法制备 BNNTs 的研究中,采用 $B_3N_3H_6$作为前驱体分解生成 BN,需要的反应温度往往要高于 1 000 ℃。Lourie 等人在利用 CVD 法制备 BNNTs 的报道中,$B_3N_3H_6$的分解温度为 1 100 ℃左右[9]。但是,通过 Hirano 等人的研究发现,在较高的压力下,$B_3N_3H_6$的分解温度能够迅速降低[37]。$B_3N_3H_6$在 100 MPa 的条件下,能够在低于 700 ℃的温度下分解生成无定形的 BN。甚至在相同的压力条件下,低于 400 ℃的温度下,生成球状 BN,产率可以达到 60%。因此,虽然在低于 500 ℃的情况下,$B_3N_3H_6$较难分解,几乎不能合成 BN,但当温度高于 500 ℃时,在反应釜高压的环境中,会逐渐有 $B_3N_3H_6$的分解产物出现。并且,随着温度的继续升高,$B_3N_3H_6$的分解反应速率会加快,会有更多的 BN 生成。同时,通过前面的热力学计算表明,该化学反应为放热反应。在反应进行的过程中,会有热量放出,使反应釜中温度瞬时升高,有利于 $B_3N_3H_6$的分解和 BN 在 CNTs 表面的沉积。由于 CNTs 与 BN 的结构相似性,会诱导 BN 在其表面包覆,形成这种管状结构,合成的 BNNTs 的壁厚完全决定于 BN 在其表面的沉积量。因此,随着反应时间和反应温度的变化有所不同,可以实现 BNNTs 的可控制备。

2.3 小 结

目前,对于 BNNTs 制备方法的研究较多,并取得了诸多引人注目的成果。这些制备方法的研究和发展进一步推动了材料科学工作者对于 BNNTs 结构、性能以及应用的研究。但是,BNNTs 的大量制备依然是 BN 纳米材料研究中的难点和热点,也是 BN 纳米材料研究中亟待解决的问题。

通过 $NaBH_4$与 NH_4Cl 之间的化学反应,制备出 BN 包覆的 CNTs,包覆层均匀,且没有与 CNTs 发生反应。获得的产物经 800 ℃空气气氛中氧化处理,获得纯净的 BNNTs。反应釜中的高压环境促进了$B_3N_3H_6$在较低温度下分解。同时,BN 与 CNTs 的结构相似性有利于 BN 在 CNTs 表面的沉积,从而用 CNTs 模板法成功地制备出 BNNTs。该方法设备简单、反应温度较低、无催化剂污染,并且易于 BNNTs 的可控和大量制备。

参考文献

[1] CHOPRA N G, LUYKEN R J, CRESPI V H, et al. Boron nitride nanotubes [J]. Science, 1995, 269(5226): 966-967.

[2] LOSEAU A, WILLAIME F, DEMONCY N, et al. Boron nitride nanotubes with reduced numbers of layers synthesized by arc discharge [J]. Physical Review Letters, 1996, 76(25): 4737-4740.

[3] TERRONES M, HSU W K, TERRONES H, et al. Metal particle catalysed production of nanoscale BN structures [J]. Chemical Physics Letters, 1996, 259(5-6): 568-573.

[4] SAITO Y, MAIDA M. Square, pentagon and heptagon rings at BN nanotube tips [J]. The Journal of Physical Chemistry A, 1999, 103(10): 1291-1293.

[5] GOLBERG D, BANDO Y, EREMETS M, et al. Nanotubes in boron nitride laser heated at high pressure [J]. Applied Physics Letters, 1996, 69(14): 2045-2047.

[6] YU D P, SUN X E, LEE C S, et al. Synthesis of boron nitride nanotubes by means of excimer laser ablation at high temperature [J]. Applied Physics Letters, 1998, 72(16): 1966-1968.

[7] LEE R S, GAVILLET J, DE LA CHAPELLE M L, et al. Catalyst-free synthesis of boron nitride single-wall nanotubes with a preferred zig-zag configuration [J]. Physical Review B, 2001, 64(12): 121405 (4pp).

[8] SMITH M W, JORDAN K C, PARK C, et al. Very long single- and few-walled boron nitride nanotubes via the pressurized vapor/condenser method [J]. Nanotechnology, 2009, 20(50): 505604 (6pp).

[9] LOURIE O R, JONES C R, BARTLETT B M, et al. CVD growth of boron nitride nanotubes [J]. Chemistry of Materials, 2000, 12(7): 1808-1810.

[10] MA R Z, BANDO Y, SATO T. CVD synthesis of boron nitride nanotubes without metal catalysts [J]. Chemical Physics Letters, 2001, 337(1-3): 61-64.

[11] TANG C, BANDO Y, SATO T. Catalytic growth of boron nitride nanotubes [J]. Chemical Physics Letters, 2002, 362(3-4): 185-189.

[12] WANG J, KAYASTHA V K, YAP Y K, et al. Low temperature growth of boron nitride nanotubes on substrates [J]. Nano Letters, 2005, 5(12): 2528-532.

[13] KOI N, OKU T, NISHIJIMA M. Fe nanowire encapsulated in boron nitride nanotubes [J]. Solid State Communications, 2005, 136(6): 342-345.

[14] TERAUCHI M, TANAKA M, SUZUKI K, et al. Production of zigzag-type BN nanotubes and BN Cones by thermal annealing [J]. Chemical Physics Letters, 2000, 324(5-6): 359-364.

[15] KIM M J, CHATTERJEE S, KIM S M, et al. Double-walled boron nitride nanotubes grown by floating catalyst chemical vapor deposition [J]. Nano Letters, 2008, 8(10): 3298-3302.

[16] CHEN Y, CHADDERTON L T, GERALD J F, et al. A solid-state process for formation of boron nitride nanotubes [J]. Applied Physics Letters, 1999, 74(20): 2960-2962.

[17] CHEN Y, GERALD J F, WILLIAMS J S, et al. Synthesis of boron nitride nanotubes at low temperatures using reactive ball milling [J]. Chemical Physics Letters, 1999, 299(3-4): 260-264.

[18] CHEN Y, CONWAY M, WILLIAMS J S, et al. Large-quantity production of high-yield boron nitride nanotubes [J]. Journal of Materials Re-

search, 2002, 17(8): 1896-1899.

[19] YU J, CHEN Y, WUHRER R, et al. In situ formation of BN nanotubes during nitriding reactions [J]. Chemistry of Materials, 2005, 17(20): 5172-5176.

[20] CHEN H, CHEN Y, LIU Y, et al. Over 1.0 mm-long boron nitride nanotubes [J]. Chemical Physics Letters, 2008, 463(1-3): 130-133.

[21] LI L, LI C P, CHEN Y. Synthesis of boron nitride nanotubes, bamboos and nanowires [J]. Physica E, 2008, 40(7): 2513-2516.

[22] LI L H , CHEN Y, GLUSHENKOV A M. Synthesis of boron nitride nanotubes by boron ink annealing [J]. Nanotechnology, 2010, 21(10): 105601 (5pp).

[23] KIM J, LEE S, UHM Y R, et al. Synthesis and growth of boron nitride nanotubes by a ball milling-annealing process [J]. Acta Materialia, 2011, 59(7): 2807-2813.

[24] HAN W, BANDO Y, KURASHIMA K, et al. Synthesis of boron nitride nanotubes from carbon nanotubes by a substitution reaction [J]. Applied Physics Letters, 1998, 73(21): 3085-3087.

[25] GOLBERG D, BANDO Y, KURASHIMA K, et al. MoO_3-promoted synthesis of multi-walled BN nanotubes from C nanotube templates [J]. Chemical Physics Letters, 2000, 323(1-2): 185-191.

[26] HAN W Q, TODD P J, STRONGIN M. Formation and growth mechanism of B—N nanotubes via a carbon nanotube-substitution reaction [J]. Applied Physics Letters, 2006, 89(17): 173103 (3pp).

[27] GOLBERG D, BANDO Y, MITOME M, et al. Preparation of aligned multi-walled BN and B/C/N nanotubular arrays and their characterization using HRTEM, EELS and energy-filtered TEM [J]. Physica B, 2002, 323(1-4): 60-66.

[28] GOLBERG D, BANDO Y, KURASHIMA K, et al. Ropes of BN multi-

walled nanotubes [J]. Solid State Communications, 2000, 116(1): 1-6.

[29] SHELIMOV K B, MOSKOVITS M. Composite nanostructures based on template-grown boron nitride nanotubules [J]. Chemistry of Materials, 2000, 12(1): 250-254.

[30] ZHONG B, SONG L, HUANG X X, et al. Synthesis of boron nitride nanotubes with SiC nanowires as template [J]. Materials Research Bulletin, 2011, 46(9): 1521-1523.

[31] 籍凤秋, 曹传宝, 徐红, 等. 碳热还原法合成氮化硼纳米管 [J]. 人工晶体学报, 2006, 35(2): 233-236.

[32] 籍凤秋, 曹传宝, 王大鸷, 等. 毛状竹节形 BN 纳米管的制备与表征 [J]. 表面技术, 2005, 34(3): 18-19.

[33] 李永利, 蔡柏奇, 张久兴. 镁热还原制备 BN 纳米管 [J]. 材料工程, 2008, (10): 85-87.

[34] BENGU E, MARKS L D. Single-walled BN nanostructures [J]. Physical Review Letters, 2001, 86(11): 2385-2387.

[35] ZHANG L P, GU Y L, WANG J L, et al. Catalytic synthesis of bamboo-like multiwall BN nanotubes via SHS-annealing process [J]. Journal of Solid State Chemistry, 2011, 184(3): 633-636.

[36] WANG W L, BI J Q, SUN W X, et al. Facile synthesis of boron nitride coating on carbon nanotubes [J]. Materials Chemistry and Physics, 2010, 122(1): 129-132.

[37] HIRANO S, YOGO T, ASADA S, et al. Synthesis of amorphous boron nitride by pressure pyrolysis of borazine [J]. Journal of the American Ceramic Society, 1989, 72(1): 66-70.

第3章 氮化硼纳米管/氧化铝复合材料

氧化铝(Al_2O_3)陶瓷具有良好的物理和化学性能,硬度高,是较好的耐磨材料;化学性能稳定,$\alpha-Al_2O_3$具有特别小的化学活性,即使在高温的空气中也不会改变其化学稳定性。而且,刚玉制品能够很好地抵抗 NaOH、Na_2O_2、金属(Al,Mn,Fe)、玻璃、炉渣等的侵蚀作用。在常温下,包括碱和氢氟酸在内,几乎没有一种试剂能与刚玉制品起反应。因此,Al_2O_3陶瓷在耐磨材料、电绝缘材料、耐火材料、生物材料等领域都有广泛的应用[1]。

但是,Al_2O_3陶瓷也具有陶瓷材料共有的缺点,即脆性比较大。另外,其强度在陶瓷当中也是较差的一种。因此,对于 Al_2O_3陶瓷补强增韧的研究一直都是陶瓷领域的研究热点之一。从断裂力学的角度看,反映材料韧性本质的是裂纹扩展性质;从能量平衡角度来看,裂纹扩展的临界条件是弹性应变能释放率等于裂纹扩展单位面积所需的断裂能。因此,提高材料的强度和韧性,一种方法是提高材料抵抗裂纹扩展的能力;另一种方法就是减缓裂纹尖端的应力集中效应。而前者就是提高材料的断裂能,后者则是减小材料内部所含裂纹的尺寸。目前,Al_2O_3陶瓷的补强增韧方式主要有颗粒弥散增韧、相变增韧、自增韧、晶须(纤维、纳米管)增韧等。对于每种增韧方式,都经过了一定的研究,报道了一些较好的研究成果[2]。

近些年研究较多的是晶须、纤维、纳米管增韧。随着对 CNTs 研究的深入,CNTs 增韧陶瓷材料已经成为陶瓷材料研究中备受关注的热点之一。晶须、纤维、纳米管增韧的机理主要在于利用微裂纹的产生,裂纹偏转,晶须、纤维、纳米管的桥联、拔出和断裂来消耗能量,起到补强增韧的效果。强韧化的效果与增强体本身的性能息息相关,同时还取决于二者之间良好的匹配和适当的结合。邓建新等人研制的 SiC 晶须增强 Al_2O_3陶瓷,其强度和韧性分别达到700 MPa和8.4 MPa·$m^{1/2}$[3]。Zhan等人利用放电等离子烧结的单壁$CNTs/Al_2O_3$复合材料，断裂韧性是相同条件下烧结Al_2O_3的3倍，达到了9.7 MPa·$m^{1/2}$[4]。目前，利用延性金属颗粒(Ni，Fe，Cr，Al等)和陶瓷硬质颗粒(SiC，WC，TiC等)进行的颗粒弥散增韧、ZrO_2的t→m(四方相→单斜相)相变增韧，以及Al_2O_3晶粒异向生长自增韧的研究已经较为深入，研究成果也很显著。

目前，只有少量的文献报道了关于BNNTs在玻璃和陶瓷材料中的强韧化作用，初步的结果是BNNTs作为陶瓷材料补强增韧的添加相是有效的[5-10]。

采用BNNTs作为增强相，微米$\gamma-Al_2O_3$和亚微米$\alpha-Al_2O_3$作为起始原料，通过热压烧结的方式制备$BNNTs/Al_2O_3$复合材料。

3.1 $BNNTs/Al_2O_3$复合材料(Ⅰ)

3.1.1 实验材料

本节以微米$\gamma-Al_2O_3$作为起始原料制备$BNNTs/Al_2O_3$复合材料。$\gamma-Al_2O_3$作为分析纯化学试剂，由天津科密欧化学试剂有限公司生产。原料$\gamma-A_2O_3$的质量分数见表3.1。

表3.1 原料$\gamma-Al_2O_3$的质量分数

铁(Fe)	氯化物(Cl)	硫酸盐(SO_4)	重金属(以Pb计)	硅酸盐(SiO_3)	灼烧质量损失	水中溶解物	碱金属及碱土金属(以硫酸盐计)
≤0.01 %	≤0.01 %	≤0.05 %	≤0.005 %	合格	≤5.0 %	≤0.5 %	≤0.5 %

3.1.2 实验方法

(1) 原料配比设计。

研究不同 BNNTs 添加量对 Al_2O_3 陶瓷性能的影响,称取含有不同质量分数的 BNNTs 的复合粉料。

(2) 混料。

将称量的混合粉料放入树脂球磨罐中,使用氧化锆研磨球,加入适量无水乙醇湿磨 10 h,转速为 300 r/min。

(3) 干燥。

将湿磨 10 h 的混合粉料放入干燥箱,120 ℃干燥 8 h。

(4) 筛料。

将干燥后的混合粉料过 100 目标准筛。

(5) 装模。

通过计算,称取适量的粉料装入 ϕ42 mm 的石墨模具中。

(6) 烧结制度。

将模具放入多功能高温热压烧结炉中,充入 Ar 气氛,进行热压烧结,升温速率为 20 ℃/min,烧结压力为 25 MPa,保温保压 1 h,烧结温度为 1 500 ℃,保温结束后随炉冷却。

(7) 试样处理。

将烧结出的样品进行磨削、切削等相关的机械加工和处理,并进行相关性能的测试。

3.1.3 陶瓷基复合材料的设计原则

影响复合材料力学性能的因素较多,所以在进行复合材料的设计时,应该遵循一定的设计原则[11-13]。以纤维(晶须)为例,其中包括:

(1) 弹性模量的匹配。

对于陶瓷材料这种脆性材料来说,基体的弹性变形极小,也几乎没有塑性变形。当基体的应变大于其临界断裂应变时,基体就会发生断裂。由于大部分的增强相(以纤维、晶须和纳米管为主)的临界断裂应变要大于基体的临界断裂应变,所以此时增强相并没有充分发挥作用。复合材料承担的应力可以表示为

$$\sigma_c = \sigma_{mu}\left[1 + V_f\left(\frac{E_f}{E_m} - 1\right)\right] \tag{3.1}$$

式中 σ_c—— 复合材料承受的应力；

σ_{mu}—— 基体断裂时承受的应力；

V_f—— 纤维的体积分数；

E_f—— 纤维的弹性模量；

E_m—— 基体的弹性模量。

从式(3.1)可以看出，如果希望基体的强度能够得到提高，V_f一定时，取决于E_f/E_m，即要求增强体有比基体大得多的弹性模量。

(2) 热膨胀系数的匹配。

复合材料组分之间的物理相容性中，热膨胀系数匹配是一个非常重要的问题。因为热膨胀系数不同所引起的基体的受力情况如下：

轴向
$$\sigma_a = (\overline{\alpha_m} - \overline{\alpha_{fa}})\Delta T E_m \tag{3.2}$$

径向
$$\sigma_r = (\overline{\alpha_m} - \overline{\alpha_{fr}})\Delta T E_m \tag{3.3}$$

式中 σ_a，σ_r—— 基体轴向和径向的应力；

α_m—— 基体的热膨胀系数；

α_{fa}，α_{fr}—— 纤维增强相轴向和径向的平均热膨胀系数；

ΔT—— 应力弛豫温度与室温差值；

E_m—— 基体的弹性模量。

在复合材料轴向，如果$\alpha_{fa} > \alpha_m$，则基体在冷却过程中受压应力，这对于材料来说是有益的。因为复合材料在更高的拉应力下才会出现裂纹。反之，基体在受拉应力的作用，如果应力过大将会导致材料中产生微裂纹。

在复合材料径向，如果$\alpha_{fr} > \alpha_m$，在冷却过程中增强体尤其是纤维将倾向于收缩，并与基体脱开，导致界面结合减弱。反之，纤维会被基体紧密包围，界面结合增强。

因此，在陶瓷基复合材料的制备中，分析并有效地控制由于热膨胀系数失配造成的界面结合过强或过弱非常重要。

(3) 化学成分。

一般情况下,要求复合材料各组分之间不应该有明显的化学反应、溶解和严重的互扩散。如果出现上述的问题或问题比较严重时,经常采取制备增强体的涂层,阻止或者抑制化学反应的发生。当然,轻微的化学反应能够在界面处形成新的化合物,起到黏结基体和增强相的作用。但是,一般而言,在界面处的化学反应对复合材料的力学性能是有害的,应该尽量避免。

(4) 界面的结合强度。

界面结合类型包括物理结合和化学结合两种。其中,物理结合包括了吸附和润湿、原子和分子间的相互扩散、机械锁合、静电引力和基体材料的重结晶等;而化学结合包括了化学键结合和反应化合物结合。较好的界面结合强度能够有效地将载荷从基体传递到增强体,起到提高材料力学性能的作用。同时,强界面结合还能在复合材料的使用过程中,对恶劣环境起到较好的抵御作用。而对于陶瓷基复合材料,增强体加入的主要目的是为了改善材料的韧性。在这种情况下,要求复合材料的界面是弱结合。由于界面结合强度低,能够产生增强体和基体之间的脱结合、裂纹偏转、纤维等增强体的拔出等现象提高材料的韧性。如果界面结合非常强,在材料内部产生的裂纹能够快速地穿越整个复合材料,产生平面状的断裂面,属于一种低能量消耗的过程,对提高陶瓷材料的韧性不利。但是,特别弱的界面结合又对传递载荷不利。因此,在陶瓷基复合材料制备中,界面的适当结合对于材料的性能非常重要。由于目前所用的晶须和纳米管等增强体的弹性模量比基体的弹性模量大很多,所以在很大程度上,较强或者较弱的界面结合都能对材料的力学性能有较大的提高。

对于 BNNTs/Al_2O_3复合材料而言,基本都符合复合材料的设计原则。

首先,BNNTs 具有较高的弹性模量和拉伸强度。尽管测试方法和计算结果各不相同,但是报道的 BNNTs 的弹性模量都约为 1 TPa,拉伸强度也能达到 30 GPa[14]。因此,选用 BNNTs 作为增强体,有比基体大得多的弹性模量,完全符合弹性模量匹配的原则。

其次，对于 BNNTs 的热膨胀系数，目前还没有明确的报道。由于 BNNTs 和 CNTs 的相似性，因此 BNNTs 的相关参数都借鉴 CNTs 的相关参数。Al_2O_3的热膨胀系数约为 $8.5\times10^{-6}/℃$[15]，BNNTs 的轴向热膨胀系数约为 0，与复合材料设计准则有些相悖，这种情况在纤维增强的复合材料中也比较常见。同时也没有相关研究表明，轴向的热膨胀系数不匹配会对复合材料造成明显的影响。对于径向的热膨胀系数，目前对于 CNTs 的报道也不尽相同。但是，普遍认为结晶良好，并且完全同轴的 CNTs 径向的热膨胀系数也是趋于 0 的[16]。因此，根据目前的研究结果，BNNTs 与 CNTs 完全类似，在径向上的热膨胀系数小于基体，完全符合复合材料的设计原则。

第三，BNNTs 与 CNTs 相比，化学稳定性更好，与 Al_2O_3基体发生强烈化学反应的可能性非常小。

第四，通过适当的处理，BNNTs 与 Al_2O_3的界面结合情况完全可以控制，以达到强韧化的目的。

3.1.4 烧结过程中的热力学与动力学

陶瓷基体烧结致密化过程的驱动力使系统总表面积减少，系统自发地趋向最低自由焓状态。粉末具有较大的表面能，通过烧结，表面能降低。在烧结的后期，界面能也随之降低，同时颗粒间的化学结合力加强。这种驱动力，一方面可以由外压或者颗粒间的内应力提供；另一方面，烧结过程中出现液相，利用其产生的毛细管力促使粉料致密化。目前常用表面能 γ_{SV}和晶界能 γ_{GB}的比值来衡量烧结的难易程度。材料的 γ_{SV}/γ_{GB}越大，越容易烧结，反之，越难烧结。例如，一般 Al_2O_3粉体的表面能约为 1 J/m^2，而晶界能为 0.4 J/m^2，二者相差较大，比较容易烧结。而对于 Si_3N_4来说，二者相差较少，所以烧结比较困难[17]。

在粉末烧结的过程中，部分晶粒尺寸会不断增长，随之会有一部分晶粒减小，消失，完成整个烧结过程。因而，晶粒的生长过程也是晶界运动的过程[18]。晶界的移动速率可表示为

$$U = \left(\frac{RT}{Nh}\right)(\lambda)\left[\frac{\gamma V}{RT}\left(\frac{1}{r_1} + \frac{1}{r_2}\right)\right]\exp\left(\frac{\Delta S^{\dagger}}{RT}\right)\exp\left(\frac{\Delta H^{\dagger}}{RT}\right) \tag{3.4}$$

式中 R—— 气体常数；

N—— 阿伏加德罗常数；

h—— 普朗克常数；

λ—— 晶界每次跃迁的距离；

γ—— 界面能；

V—— 摩尔体积；

r_1, r_2—— 曲率半径；

$\Delta G^{\dagger}$—— 活化能。

$$\Delta G^{\dagger} = \Delta H^{\dagger} - T\Delta S^{\dagger}$$

由上式可知，温度升高，曲率半径减小，界面能增大，都能增加晶界的移动速率。

下面的实验是采用热压烧结的方式制备 $BNNTs/Al_2O_3$ 复合材料，在热压烧结的过程中，粉体同时受到温度和压力的共同作用。材料的致密化主要依靠外加压力作用下物质的迁移，内在的传质机理除了表面能驱动下的扩散传质之外，外加压力还具有黏性流动、位错运动产生的塑性变形、晶界滑移、颗粒重排等作用，这些都对材料的致密化过程起着非常重要的作用。因此，与无压烧结相比较，热压烧结在制备纳米复相陶瓷材料方面，具有比较明显的优势。热压烧结的致密化速率可表示[19]为

$$\rho = \frac{1}{e}\frac{d\rho}{dt} = \frac{AD\varphi(m+n)/2}{G^m KT}(p_a^n + \Sigma) \tag{3.5}$$

式中 A—— 常数；

D—— 控制速率组分的扩散常数；

G—— 晶粒尺寸；

K—— 玻耳兹曼常数；

T—— 温度；

φ—— 应力场强度因子；

p_a—— 施加的压应力；

Σ—— 烧结应力；

m,n—— 与烧结机制有关的指数。

在热压烧结常用的压力范围内，经过计算表明，大多数陶瓷的 $n \approx 1$，证明致密化过程受扩散机制控制。

Al_2O_3陶瓷的烧结过程可分为两类：一是通过扩散的固相烧结，烧结过程中几乎不出现液相；二是借助液相的黏滞流动而达到致密化烧结。一般情况下，Al_2O_3陶瓷的烧结都以固相烧结为主，其中会出现部分液相烧结的过程。原因在于，尽管工业生产的 Al_2O_3纯度已经比较高，但是仍然有微量的杂质存在。在 Bae 和 Baik 的报道中提到，Al_2O_3中会有微量的杂质存在(SiO_2，CaO 等)[20]，这些杂质会在烧结过程中形成低共熔物，出现液相。一方面，液相将会使晶界的表面能降低，从而减慢晶界的移动速率，由于液相分布的不均匀，会造成晶粒的异常长大；另一方面，有液相参与的烧结传质速率快，因此获得的材料更加致密，可以在比固相烧结温度低得多的情况下获得致密的烧结体。

在添加 BNNTs 之后，BNNTs 多数分布在晶界上。这些分布在晶界处的纳米管在晶粒周围形成一个相互交织的网络，可以起到钉扎的作用，能够减缓晶界移动，细化晶粒，也可以有效地抑制晶粒异常长大。Inam 等人的研究发现，随着纳米管添加量的增加，晶粒的生长速度明显减慢[21]。在添加质量分数 5% 的 CNTs 到 Al_2O_3陶瓷中，晶粒尺寸与烧结温度几乎呈现线性关系。然而在纯 Al_2O_3和炭黑增强的 Al_2O_3复合材料中，晶粒尺寸与烧结温度呈现指数关系，表明纳米管在抑制晶粒生长方面的作用是非常明显的。

同时，对于恒温条件下晶粒生长与保温时间的关系也有相关报道[21]。在恒温条件下，平均晶粒尺寸与时间的关系为

$$G^n - G_0^n = Kt^m \tag{3.6}$$

式中　G,G_0—— 保温时间为 t 和 0 时的晶粒尺寸；

K—— 与时间相关的常数；

n—— 晶粒生长指数；

m—— 与生长机理相关的常数。

恒温条件下，纯 Al_2O_3晶粒尺寸与时间表现出抛物线形关系。然而在添加了 CNTs 的 Al_2O_3中，相同致密度下晶粒尺寸与时间表现出截然不同的关系——一种斜率非常小的线性关系。BNNTs 与 CNTs 有着完全类似的效果。由于其在晶界处的分布，降低了原子扩散系数，从而有效地降低了晶粒的尺寸。并且，通过上述分析表明，随着时间的延长，即在保温阶段，这种降低晶粒尺寸的效果依然非常明显。

3.1.5 常温力学性能

由于纳米材料表面能较高，具有易团聚的特点。在实验中采用添加适量无水乙醇作为分散介质的方法来提高 BNNTs 在粉体中的分散效果。原始的 BNNTs 与 Al_2O_3粉体球磨混合之后的 SEM 图片如图 3.1 所示。从图中可以看出，原始的 BNNTs 直径在 100 nm 以下，长度达到几微米，而且表面不是特别光滑，具体的合成和表征已经在第 2 章详细介绍。在图3.1(a)所示的 HRTEM 晶格像插图中，能够清楚地观察到纳米管管壁的层状结构。与 Al_2O_3粉体进行球磨混合之后，在图 3.1(b)中可以看出，BNNTs 较为均匀地分散在粉体中，并且纳米管的结构没有明显的破坏，保持了其原有的形貌。

图 3.2 是 BNNTs/Al_2O_3复合材料的弯曲强度和断裂韧性随 BNNTs 添加量的变化曲线图。从图中可以看出，无论是弯曲强度还是断裂韧性都随 BNNTs 添加量的增加出现先增大后减小的趋势。含有质量分数为 2.0% 的 BNNTs 的复合材料具有最高的弯曲强度，为 523 MPa。与相同条件下制备的纯 Al_2O_3陶瓷相比(弯曲强度为 319 MPa)，提高了 67%。而添加质量分数为 1% 的 BNNTs 的复合材料表现出最好的断裂韧性，为 6.4 $MPa \cdot m^{1/2}$。相比于纯 Al_2O_3陶瓷的 4.9 $MPa \cdot m^{1/2}$，提高了 31%。与此同时，表现出最高的弯曲强度的样品(质量分数为 2.0% 的 BNNTs)同样具有较高的断裂韧性，也达到了约 6.1 $MPa \cdot m^{1/2}$。对于最高的弯曲强度

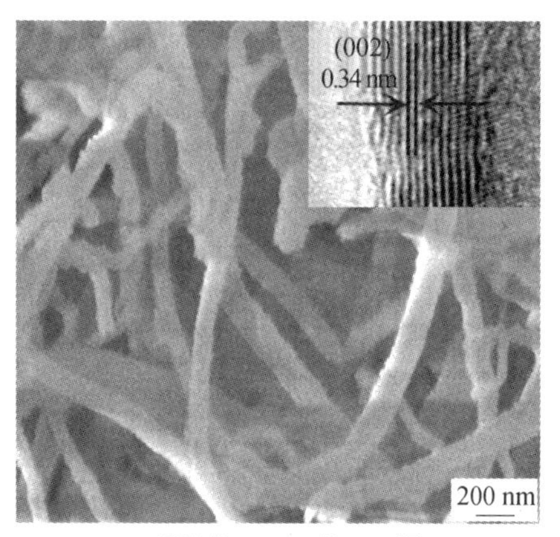

(a) 原始的BNNTs的SEM图

(b) 与Al_2O_3粉体球磨之后的SEM图

图3.1 原始的 BNNTs 与 Al_2O_3 粉体球磨混合之后的 SEM 图以及(a)插图中 BNNTs 的晶格像

和断裂韧性没有出现在同一样品的结果,可以这样理解。在采用单边切口梁法测试材料的断裂韧性的时候,测量值与切口的关系非常密切。首先,在本实验中,切口的宽度约为 2 mm,比部分文献报道的要略大,所以断裂韧性的测量值要比某些报道值略大一些。另外,BNNTs 作为纳米材料,在 Al_2O_3 粉体中不可能达到完全分散。因此,在切口位置尤其是裂纹扩展的起始位置,BNNTs 的分散效果将直接影响到断裂韧性的测量值。所以,弯曲强度和断裂韧性的最佳值没有出现在同一样品是完全可以理解的。

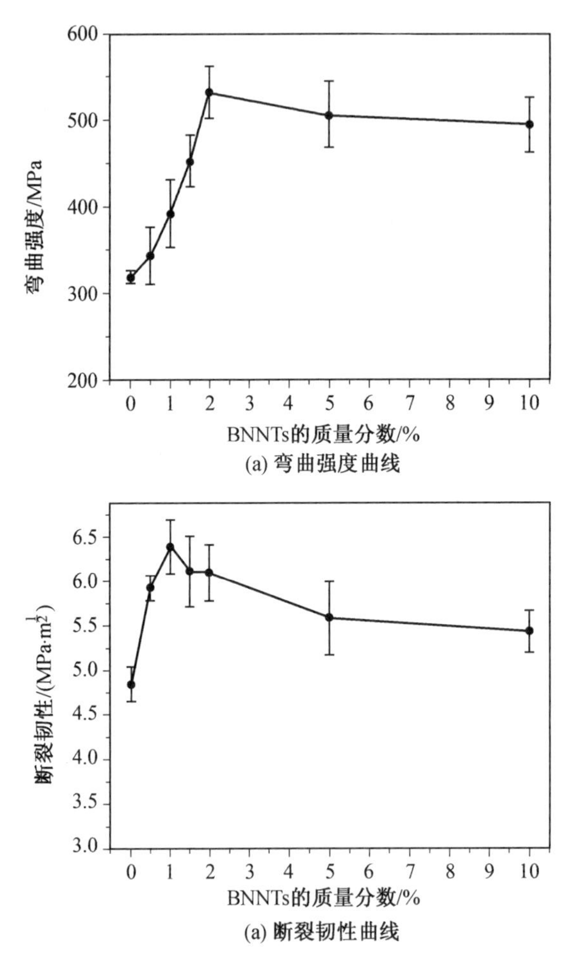

(a) 弯曲强度曲线

(a) 断裂韧性曲线

图 3.2 复合材料的弯曲强度和断裂韧性随 BNNTs 添加量的变化曲线图

3.1.6 微观形貌

将纯 Al_2O_3 和相应的复合材料经过表面抛光之后,在马弗炉空气气氛中1 400 ℃温度下热腐蚀30 min,对其表面形貌进行 FESEM 观察,如图3.3所示。从图中可以清楚地观察到随着 BNNTs 的质量分数的增加,材料的晶粒尺寸随之发生变化。图 3.3(a)是纯 Al_2O_3 热腐蚀后的表面形貌图,从图中可以看到其晶粒尺寸差别很大,大部分是尺寸较大的片状晶粒,如同前面的分析,出现了晶粒的异常生长,同时伴随着少部分细小的晶粒出现。

然而,添加了 BNNTs 之后,晶粒尺寸出现了明显的细化现象,并且随着质量分数的提高,尺寸下降得非常明显。质量分数达到 5% 之后,在相同的放大倍数下已经看不清晶粒的大小了。随后使用了更大倍数的照片对其进行尺寸统计。具体各个样品的相对密度和晶粒尺寸的统计见表 3.2。由于纯 Al_2O_3 和质量分数为 0.5% 的 BNNTs 的样品晶粒尺寸分布不均匀,所以只能进行粗略的统计。但是,依然可以从表中看出,从最初的 15 μm,通过添加 BNNTs 成功地将晶粒细化到 1 μm 以下。

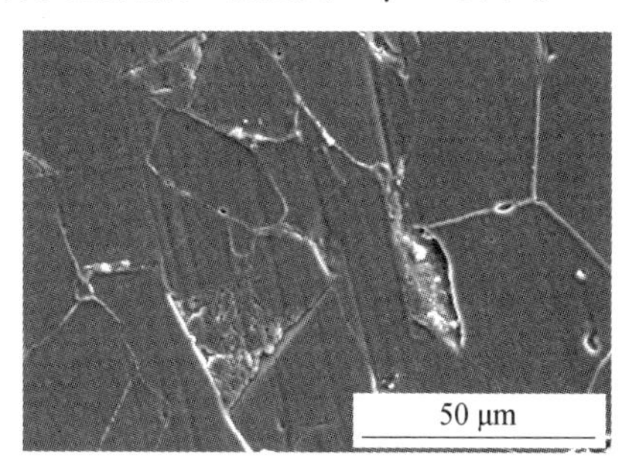

(a)热腐蚀后纯 Al_2O_3 表面形貌

(b)质量分数为 0.5%

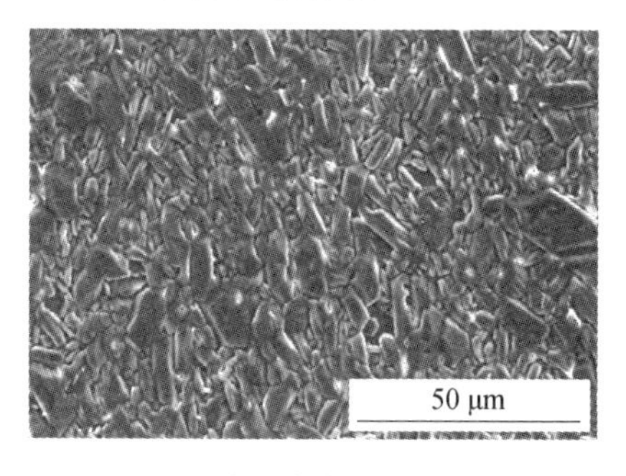

(c)质量分数为 1.0%

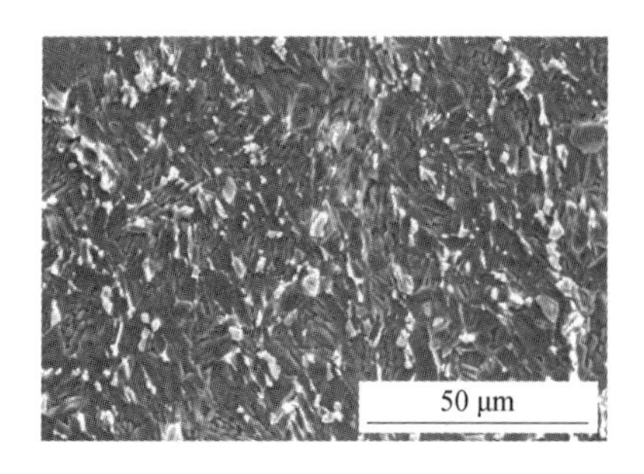

(d)质量分数为1.5%

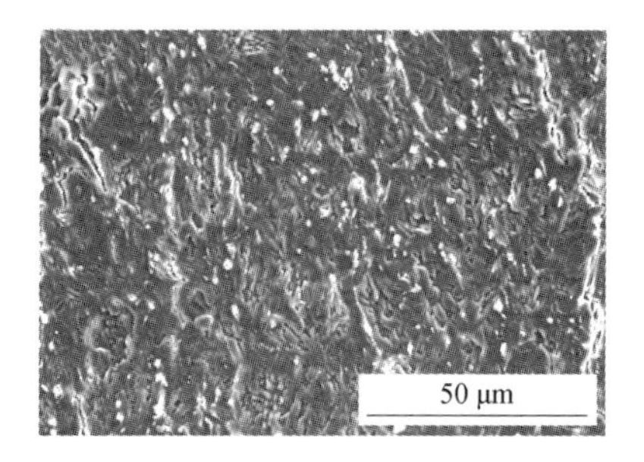

(e)质量分数为2.0%

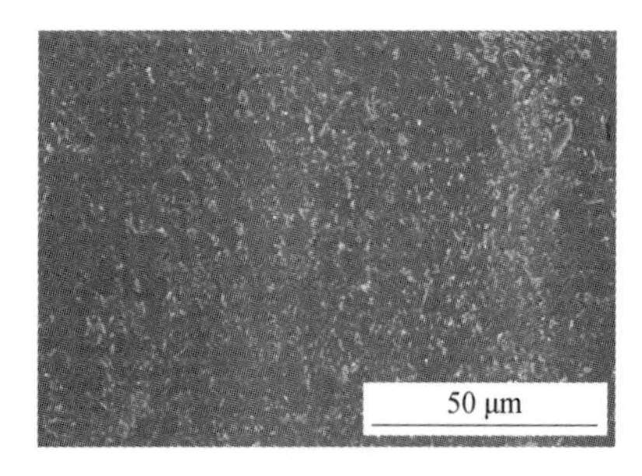

(f)质量分数为5.0%

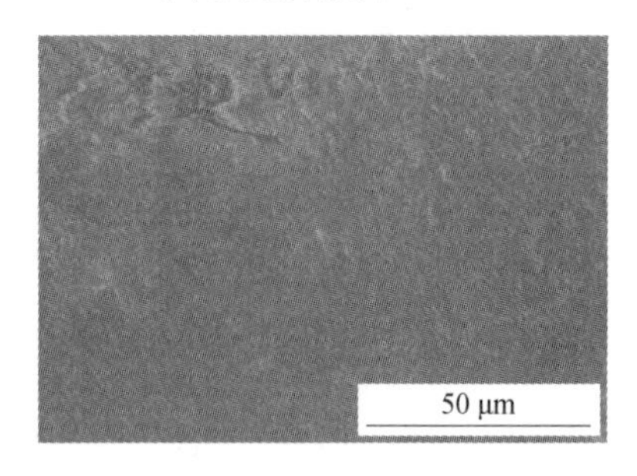

(g)质量分数为10.0%

图3.3 热腐蚀后纯 Al_2O_3(a)和含有不同质量分数的BNNTs的复合材料表面SEM图

表 3.2　样品相对密度和晶粒尺寸的统计

BNNTs 的质量分数/%	相对密度/%	平均晶粒尺寸/μm
0	99.8	~15
0.5	99.8	~10
1.0	99.4	7
1.5	98.9	5
2.0	98.7	3
5.0	97.7	2
10.0	96.7	0.9

图 3.4 为纯 Al_2O_3 和复合材料的断口形貌图。图 3.4(a)是纯 Al_2O_3 的断口形貌图,从图中可以明显地观察到晶粒的异常生长,以及晶粒尺寸的不均匀性。同时可以观察到,纯 Al_2O_3 的断裂方式是沿晶和穿晶相结合的断裂方式。其中,尺寸较大的晶粒表现为穿晶断裂,而尺寸较小的晶粒则表现出棱角分明的沿晶断裂的方式。通过比较图 3.4(b)与图 3.4(a)可以明显地看到,添加质量分数 2.0% 的 BNNTs 的陶瓷材料断裂方式发生了改变。断口形貌较为平整,表现出了穿晶断裂的特征。在致密的烧结体中,大部分 BNNTs 分布在晶界上,少部分分布在晶粒内部。在前面对于烧结过程的分析中指出,在烧结初期,Al_2O_3 晶界移动速率较快,能够将部分与其接触的 BNNTs 包裹在晶粒内部,形成晶内相。

(a)纯 Al_2O_3

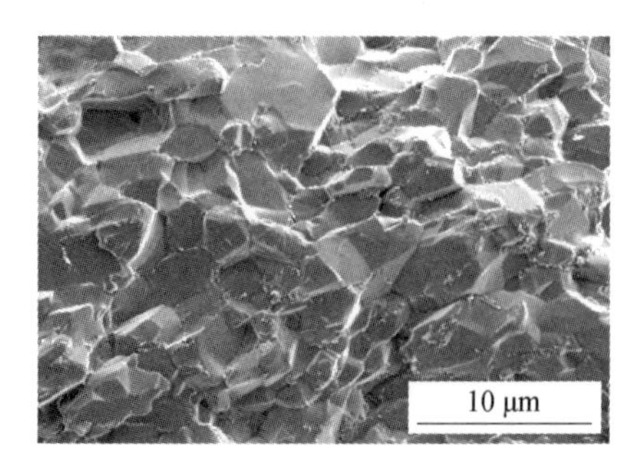

(b)质量分数为2.0%

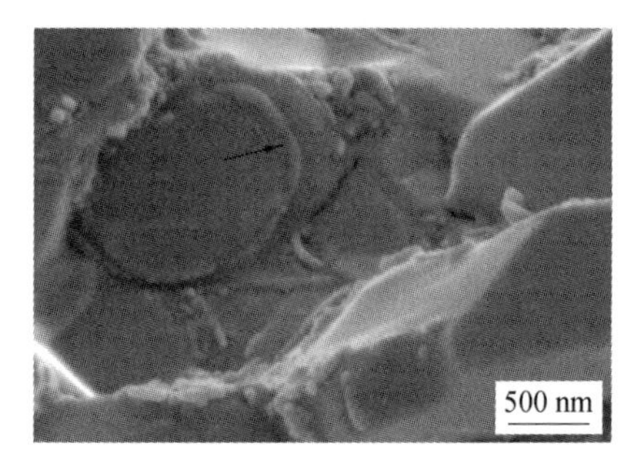

(c)质量分数为2.0%

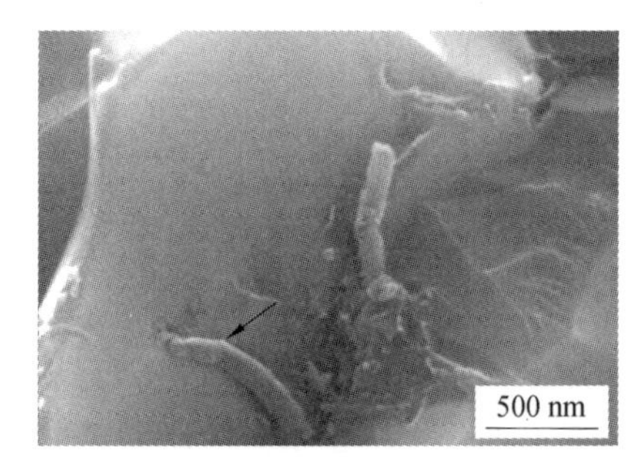

(d)质量分数为2.0%

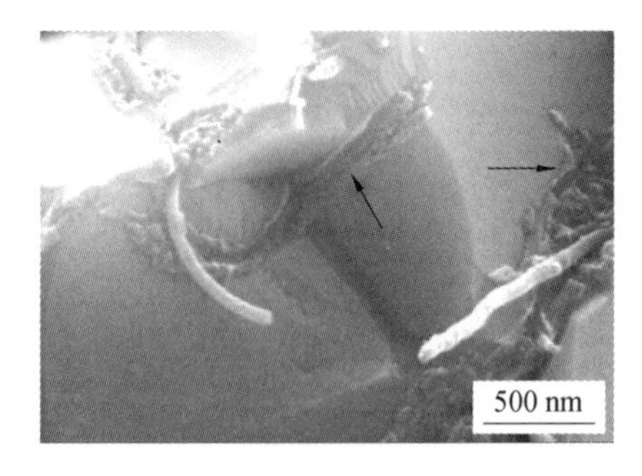

(e)质量分数为2.0%

(f)质量分数为10.0%

图3.4 纯Al_2O_3及质量分数为2.0%和质量分数为10.0%的BNNTs样品的断口SEM图

添加BNNTs,除了能够改变材料的断裂方式,还能起到细化晶粒,抑制晶粒异常生长的作用。从前面的晶粒尺寸分析就能直观地看出来。图3.4(c)中箭头处,能够观察到单根BNNTs缠绕着晶粒生长,可以从一个方面来解释其抑制晶粒生长的原因。

在图3.4(d)和图3.4(e)所示的放大图中,可以更为清晰地观察到BNNTs在块体内部的分布情况。大部分BNNTs分布在晶界上。由于BNNTs的弹性模量非常高,柔韧性好,所以能够沿着晶粒的形状来分布,如图3.4(d)所示。同时,还可以观察到断裂之后在晶粒表面留下的BNNTs的印痕,如图3.4(e)所示。这些BNNTs分布在晶界上,能够起到强化晶界的作用,尤其分布在多个晶粒交汇点处,能够起到固定的作用。复合材料断裂方式的改变就是强化晶界最有利的证明。

但是,BNNTs属于纳米材料,就具有纳米材料的缺点,易团聚。尽管通过添加无水乙醇作为分散介质,BNNTs在Al_2O_3粉体中的分散效果得到了一定的改善,但是添加BNNTs同样会造成材料相对密度下降(见表3.2)。而且,添加过多的BNNTs同样会造成分散困难,在烧结体内部出现团聚现象,成为材料的缺陷,影响性能,如图3.4(f)所示。

3.1.7 抗热震性

抗热震性是指材料承受温度急剧变化而不被破坏的能力,也称为抗热冲击性或热稳定性。由于陶瓷材料加工和使用过程中经常会受到环境温度起伏的影响,因此,抗热震性是陶瓷材料的一个重要性能,而“热震”也是导致陶瓷材料破坏的一种常见现象。

抗热震性实际是表征材料抵抗热应力的能力,而温度梯度、热膨胀系数不同,陶瓷件被约束时均会产生热应力。热应力的大小可表示[22]为

$$\sigma_{th} = \frac{E\alpha\Delta T}{1 - \nu} \tag{3.7}$$

式中 σ_{th}—— 热应力;

E—— 弹性模量;

α—— 热膨胀系数;

ν—— 泊松比;

ΔT—— 温差。

陶瓷材料的热震破坏分为两种:一种是材料发生瞬时断裂;另一种是在热冲击循环作用下,材料表面开裂及剥落,最终碎裂或失效。抵抗前一种破坏的性能称为抗热震断裂性,而抵抗后一种破坏的性能称为抗热震损伤性[18]。影响二者的因素略有不同。热膨胀系数小,热导率大的材料,在相同的情况下,内部的热应力小,抵抗热震破坏的能力比较强,包括抗热震断裂性和抗热震损伤性。提高强度能够提高材料的抗热震性,然而高的弹性模量却不利于材料在热冲击条件下通过变形来抵消热应力,因此对提高抗热震断裂性不利。但是,低的强度和高的弹性模量对于提高抗热震损伤性更为有利。

在实验中,选取了常温力学性能较好的样品(添加质量分数为2.0%的BNNTs)进行了抗热震性测试,并与在相同条件下测试的纯Al_2O_3的抗热震性进行比较。将样品加工成与进行常温力学性能测试相同尺寸的样条(尺寸为3 mm × 4 mm × 30 mm),将其置于马弗炉中加热分别加热到150 ℃,200 ℃,250 ℃,300 ℃,400 ℃,500 ℃和600 ℃,并保温30 min。然后将其在室温的水中急冷,即测试温差分别为130 ~ 580 ℃。最后测试样条的弯曲强度来评定材料的抗热震性。

图3.5为两组样品的残余弯曲强度随温差变化的曲线图。从图中可以看出，对于添加质量分数为2.0%的BNNTs的样品来说，临界温差(ΔT_c)大约为200 ℃，与纯Al_2O_3的临界温差类似。然而，在达到临界温差之前，添加了BNNTs的样品对于温度的敏感性要远远大于纯Al_2O_3。ΔT=130 ℃造成了该样品的弯曲强度出现了较为明显的下降，而纯Al_2O_3则几乎没有发生变化。在ΔT_c附近，两个样品均出现了弯曲强度的急剧下降，随后逐渐稳定并略带下降的趋势。当ΔT = 280 ℃时，纯Al_2O_3和添加质量分数为2.0%的BNNTs的弯曲强度分别为171.7 MPa和189.5 MPa，各损失了46 %和64 %。而当ΔT = 580 ℃时，二者的强度均下降到100 MPa左右。

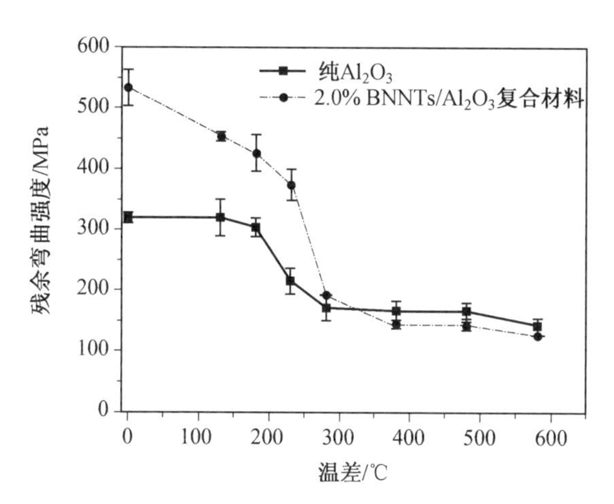

图3.5 纯Al_2O_3和质量分数为2.0%的BNNTs样品的残余弯曲强度随温差的变化曲线

图3.6为纯Al_2O_3和质量分数为2.0%的BNNTs/Al_2O_3样品的断口，以及BNNTs拔出和桥联的SEM形貌图。与前面对二者的微观结构分析相一致，BNNTs的添加对于Al_2O_3的断裂方式和常温力学性能均产生了较大的影响。将Al_2O_3的断裂方式从沿晶和穿晶混合型断裂转变为以穿晶为主的断裂模式。同时，在内部分布的BNNTs通过桥联、断裂等方式消耗能量，提高了材料的常温力学性能。

在进行了抗热震性测试之后，同样对其断口形貌进行了观察。图3.7为纯Al_2O_3和质量分数为2%的BNNTs/Al_2O_3样品抗热震测试后(ΔT =

(a) 纯 Al_2O_3 抗热震测试前的 SEM 图

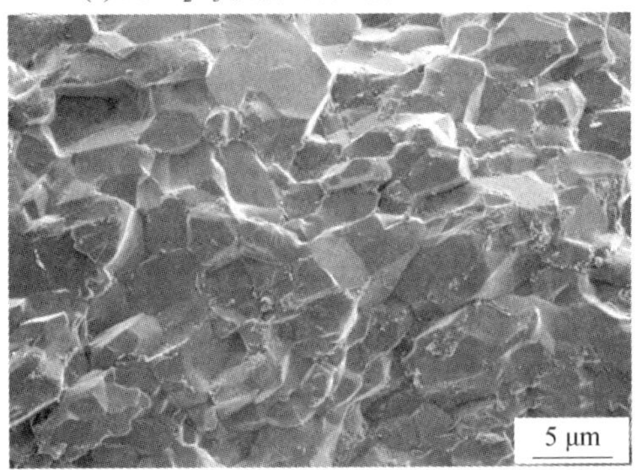

(b) 质量分数为 2.0% BNNTs/Al_2O_3 抗热震测试前的 SEM 图

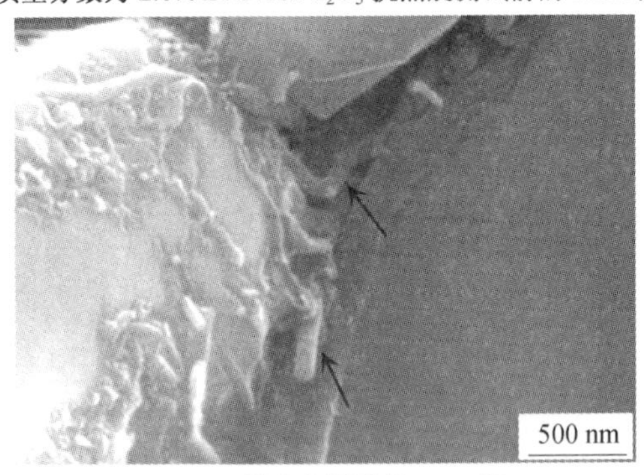

(c) BNNTs 拔出和桥联的 SEM 图

图 3.6 纯 Al_2O_3和质量分数为 2.0% 的 BNNTs/Al_2O_3样品的断口，以及 BNNTs 拔出和桥联的 SEM 图

280 ℃)断口 SEM 形貌图。与图 3.6(a)相比较，可以明显观察到经过抗热震性测试，纯 Al_2O_3的断裂方式也发生了较为明显的改变。如图 3.7(a)所示，纯 Al_2O_3的断裂也转变为穿晶为主的断裂模式，断口平坦，而不是沿晶

(a) 纯Al_2O_3抗热震测试后SEM图

(b) 纯Al_2O_3抗热震测试后SEM图

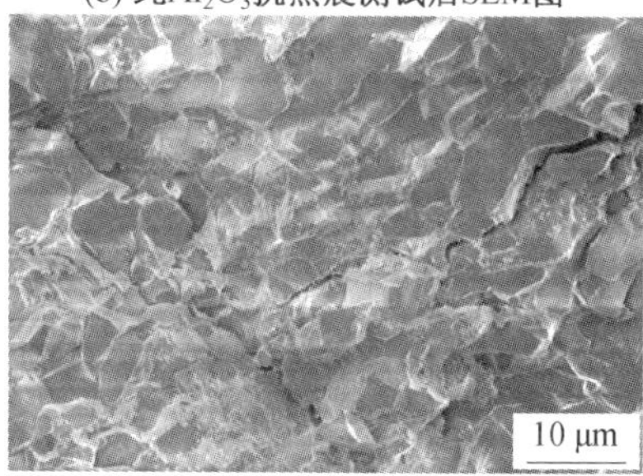

(c) 质量分数为2.0% BNNTs/Al_2O_3抗热震测试后SEM图

(d) 质量分数为2.0% BNNTs/Al_2O_3抗热震测试后SEM图

图3.7　纯Al_2O_3和质量分数为2.0%的BNNTs/Al_2O_3样品抗热震测试后(ΔT = 280 ℃)断口SEM图

断裂出现的棱角分明的断口形貌。穿晶断裂在一定程度上会缩短裂纹扩展的路径,导致陶瓷材料的力学性能尤其是断裂韧性降低。在图3.7(b)中,能够清楚地观察到急冷之后在纯 Al_2O_3内部留下的裂纹和晶粒剥离,所以其弯曲强度下降了46%。然而,添加 BNNTs 的样品依然在急冷之后出现了较为明显的裂纹,如图3.7(c)所示。尽管在高倍图片中,能够看到在裂纹扩展的路线上有部分 BNNTs 的存在,但是材料的性能依然下降了64%之多,对于其抗热震性能并没有明显的帮助。

对于添加 BNNTs 对 Al_2O_3陶瓷的抗热震性能的影响,在测试其相关性能的基础上进行了相应的分析。表3.3为纯 Al_2O_3和质量分数为2.0%的 BNNTs/Al_2O_3 样品的力学和热学性能。从表中看到,通过添加 BNNTs 对材料的力学性能产生了较大的影响,而对于材料的热学性能影响不是特别明显。除了热容出现了一定的提高之外,热扩散系数几乎没有发生变化。而对抗热震性影响较大的热导率也只是出现了略微的提高,对于材料性能的改善应该也是微乎其微。力学性能对于材料抗热震性能的影响可从以下两式看出来[22],即

$$R = \frac{\sigma(1 - \upsilon)}{\alpha E} \tag{3.8}$$

$$R'''' = \frac{K_{IC}^2}{\sigma^2(1 - \upsilon)} \tag{3.9}$$

式中 σ—— 材料的弯曲强度;

α—— 热膨胀系数;

E—— 弹性模量;

υ—— 泊松比;

K_{IC}—— 断裂韧性。

在式(3.8)和(3.9)中,R 因子表示材料在急冷条件下抵抗裂纹产生的能力,而 R''''因子表示的是在 $\Delta T > \Delta T_c$的条件下,材料抵抗破坏的能力[23]。添加了 BNNTs 虽然明显提高了材料的力学性能,包括弯曲强度和断裂韧性,但是对于材料的抗热震性却没有明显的改善。反而从前面的曲

线图中可以看出,添加 BNNTs 的材料对于温度更加敏感。虽然 BNNTs 具有较好的热学性能,但是由于添加量过少(质量分数为 2.0%),并不能有效地改善材料的热学性能。反而在急冷的过程中,成为导热的障碍。较少的 BNNTs 分散在基体内部,不能形成一个导热的通道。相反,BNNTs 与基体之间的界面,管与管之间的界面等成了阻碍甚至抑制热量传导的因素。因此,在添加较少量 BNNTs 的情况下,材料的抗热震性能没有得到有效的改善。

表 3.3 纯 Al_2O_3和质量分数为 2.0% 的 BNNTs/Al_2O_3样品的力学和热学性能

性能	Al_2O_3	质量分数为 2.0% 的 BNNTs/Al_2O_3
相对密度/%	99.8	98.7
弯曲强度 σ/MPa	318.8 ± 7.3	532.1 ± 30.0
断裂韧性 K_{IC}/(MPa · $m^{1/2}$)	4.9 ± 0.2	6.0 ± 0.3
热导率 λ/(W · m^{-1} · K^{-1})	6.3	6.9
热扩散系数 D/ (× 10^{-2} mm^2 · s^{-1})	3.2	3.1
热容 C_p/ (MJ · m^{-3} · K^{-1})	197.5	224.8

3.1.8 界面结合

复合材料是由两种及以上的原料组成的,界面的存在是必然的,而且也是决定复合材料力学性能的关键。界面是基体与增强体的结合处,是基体和增强体之间进行载荷传递的媒介。复合材料的硬度和强度依赖于跨越界面的载荷传递,而韧性受到裂纹偏转和增强体拔出等的影响,塑性则会受靠近界面的峰值应力松弛的影响。这些都对复合材料力学性能起到至关重要的作用。同时,复合材料界面的物理化学性质又不同于基体和增强体,因此对于界面的研究是复合材料研究中的一个核心问题。

在实验中,采用了 TEM 和 HRTEM 对 BNNTs 在烧结体内部的结构以及与基体的界面结合进行了分析。图 3.8 为质量分数为 2.0% 的 BNNTs/Al_2O_3 复合材料的 TEM 图。其中,在放大倍数较低的图 3.8(a)中,可以比较清楚地观察到 BNNTs 分布在晶界上。而且，晶粒尺寸比较粗大，与前面断口的 SEM 图片相一致。图 3.8(b)为放大倍数较高的图片，从中能够明显地看到晶界上分布的 BNNTs。

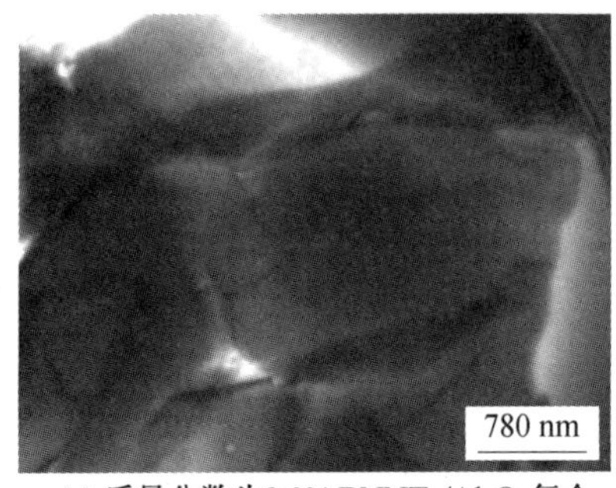

(a) 质量分数为2.0% BNNTs/Al_2O_3复合材料的SEM图

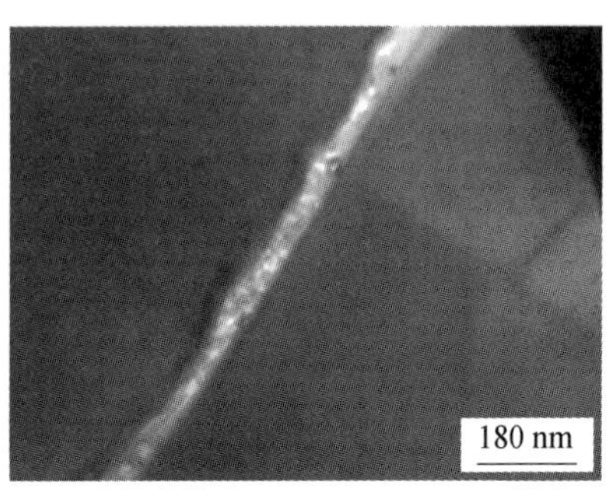

(b) 质量分数为2.0% BNNTs/Al_2O_3复合材料的SEM图

图 3.8　质量分数为 2.0% 的 BNNTs/Al_2O_3复合材料的 TEM 图

图 3.9 为质量分数为 2.0% 的 BNNTs/Al_2O_3 样品的 HRTEM 图，能够进一步观察到 BNNTs 在烧结体内部的具体形态。在前面的断口分析中，能够观察到 BNNTs 随着晶粒的形状弯曲，从而分布在晶界上。由于 BNNTs 的柔韧性比较好，在图 3.9(a)中同样也观察到内部弯曲的 BNNTs。在图 3.9(b)中，清楚地观察到 BNNTs 的完整形态。通过测量和计算晶格条纹的尺寸(0.34 nm)，可以确定观察到的为 BNNTs。并且，能够观察到 BNNTs 中空的管状结构。更为重要的是，在该图中可以看到，BNNTs 与 Al_2O_3基体结合紧密，没有发现明显的过渡层。

界面的结合强度非常重要，直接影响到复合材料的弹性和断裂性能。在纤维增强的复合材料中，经常采用单纤维进行实验，因为这样能够获得结合强度的定量信息。其中比较常见的是单纤维的拔出和单纤维推出实验。由于纳米管非常细，而且易于团聚，对制备出的单根纳米管的试样进行实验特别困难。因此，一般利用在单纤维实验中常用的公式近似地计算纳米管与基体的结合强度。结合 CNTs 的相关实验结果，利用下式计算 BNNTs 与 Al_2O_3基体的结合强度[15]，即

$$\tau_i = \frac{\sigma_u d}{4l} \tag{3.10}$$

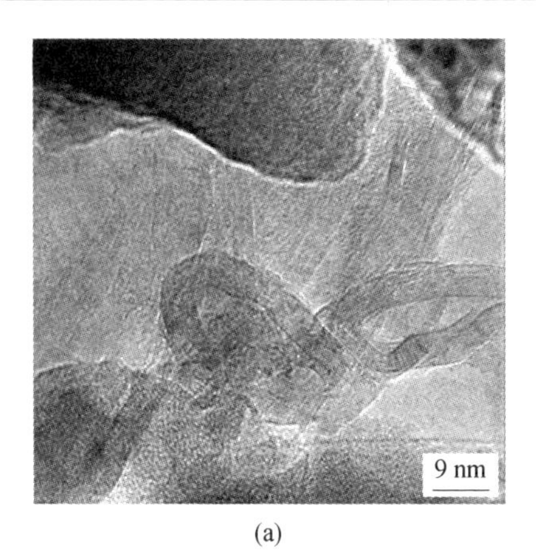

(a)

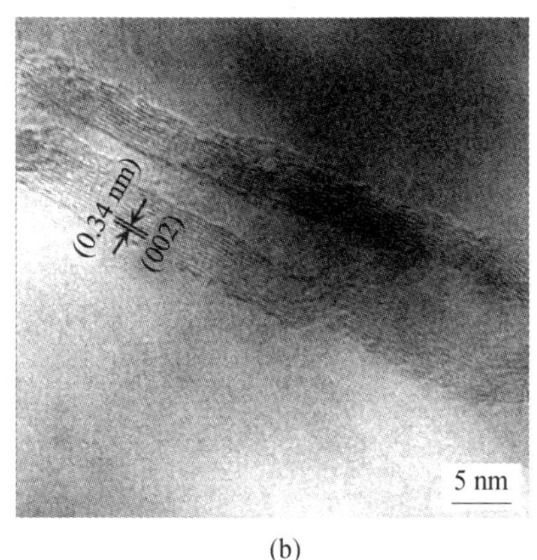

(b)

图3.9 质量分数为2.0%的BNNTs/Al_2O_3样品的HRTEM图,表明BNNTs在复合材料中的形貌(a)以及与基体的界面(b)

式中 τ_i—— 界面剪切强度;

σ_u——BNNTs的拉伸强度;

d——BNNTs的半径;

l—— 拔出长度。

在这里,令σ_u = 30 GPa,d = 30 nm,l = 300 nm,则计算的界面剪切强度约为750 MPa。尽管计算的结果会因为各种原因不是特别准确,但是,通过计算依然能够说明二者的界面结合强度是比较高的。

3.2 BNNTs/Al_2O_3复合材料(II)

3.2.1 实验材料

本节以亚微米α-Al_2O_3为起始原料制备BNNTs/Al_2O_3复合材料。α-Al_2O_3为大连路明纳米材料有限公司生产的LM2-N014C系列,原料α-A_2O_3性能参数见表3.4。

表 3.4 原料 $\alpha-Al_2O_3$ 性能参数

型号	外观	质量分数/%	$D_{50}/\mu m$	比表面积/($m^2 \cdot g^{-1}$)
N114	白色粉末	99.99	0.070 ~ 0.3	13 ~ 18

3.2.2 实验方法

(1) 原料配比设计。

研究不同 BNNTs 添加量对 Al_2O_3 陶瓷性能的影响,称取含有不同质量分数的 BNNTs(0%,1.0%,1.5%,2.0%)的复合粉料。

(2) BNNTs 分散。

将 BNNTs 置于质量分数为 0.5% 的十二烷基磺酸钠的乙醇溶液中,超声分散 1 h。

(3) 混料。

将称量的混合粉料放入树脂球磨罐中,使用氧化锆研磨球,加入适量无水乙醇湿磨 10 h,转速为 300 r/min。

(4) 干燥。

将湿磨 10 h 的混合粉料放入干燥箱,120 ℃干燥 8 h。

(5) 筛料。

将干燥后的混合粉料过 100 目标准筛。

(6) 装模。

通过计算,称取适量的粉料装入 ϕ42 mm 的石墨模具中。

(7) 烧结制度。

将模具放入多功能高温热压烧结炉中,充入 Ar 气,进行热压烧结,烧结温度为 1 500 ℃,升温速率为 20 ℃/min,烧结压力为 25 MPa,保温保压 1 h,随炉冷却。

(8) 试样处理。

将烧结出的样品进行磨削、切削等相关的机械加工和处理,进行相关性能的测试。

3.2.3 BNNTs的分散

BNNTs作为一种典型的纳米材料,具有纳米粉体材料易产生团聚的特点。纳米粉体材料随粒径变小,其表面所占的原子和基团数急剧增加,纳米粒子之间表面的氢键、吸附湿桥及其他化学键作用,使其相互黏附聚集,从而导致团聚。同时,纳米粉体材料粒径表面积的增大和原子数、基团数的增加,也会使表面能升高,使其处于极不稳定状态。纳米粒子为了降低表面能,通过相互聚集靠拢来达到稳定的状态,也会引起团聚。另外,表面的正负电荷之间的相互作用,以及粒子之间的范德瓦耳斯力的作用,同样会引起纳米粉体之间的团聚。

因此,在纳米粉体材料的使用过程中,为了提高纳米粉体的分散性,都要进行适当的分散处理。很多改性手段都是在粉体的表面进行相应的物理或者化学处理,包括表面吸附、表面包覆、表面接枝等。而相关的研究表明,在纳米粉体材料分散中最有效、最关键的一点就是选择合适的分散剂,以及采用合适的工艺方法和设备,使纳米粒子与分散剂充分混合以达到真正的分散。分散剂对纳米粒子的作用包括:可以降低微粒表面张力,改善微粒表面的润湿性;降低颗粒之间的吸引能;在颗粒之间形成有效的空间电阻,使微粒之间的排斥力增加。

目前,在CNTs增强陶瓷基复合材料的研究中,为了实现CNTs的有效分散,报道了很多方法。范锦鹏采用阴离子表面活性剂十二烷基硫酸钠作为分散剂对CNTs进行了有效的分散,达到了较好的效果。基体中CNTs的团聚体的尺寸大大降低,有效地发挥了CNTs的韧化作用,断裂韧性达到了5.55 $MPa \cdot m^{1/2}$,是相同条件下烧结Al_2O_3的1.8倍[24]。Mo等人则采用了溶胶-凝胶(sol-gel)法制备Al_2O_3-CNTs混合粉料,实现了CNTs在基体中较为均匀地分散[25]。而在BNNTs的分散方面,Hang等人采用聚乙烯吡咯烷酮(Polyvinylpyrrolidone,PVP)作为分散剂将BNNTs均匀地分散在陶瓷粉料中,从而有效地发挥BNNTs高温强化作用,提高了工程陶瓷的高温超塑性。他们的研究结果证实,BNNTs在PVP的包覆下,能够在其乙醇溶液中实现长时间的悬浮分散[26]。

在实验中采用十二烷基磺酸钠(Sodium Dodecyl Sulfonate,SDS)作为BNNTs的分散剂。SDS为白色或浅黄色结晶或粉末,易溶于热水,溶于热乙醇,不溶于石油醚。SDS属阴离子型表面活性剂,具有优异的渗透、洗涤、润湿、去污和乳化作用[27]。相关的研究表明,Al_2O_3表面带有正电荷,实验中选用阴离子表面活性剂,可以使BNNTs表面带有较多的负电荷[24]。当经过超声分散的BNNTs的SDS悬浮液与Al_2O_3混合时,可以改善BNNTs与Al_2O_3之间的润湿性,从而提高二者之间的结合性。

3.2.4 常温力学性能

表3.5为热压烧结制备的BNNTs/Al_2O_3复合材料的相对密度,以及常温下的弯曲强度和断裂韧性。从表中可以看出,通过添加SDS作为BNNTs的分散剂,在一定程度上改善了BNNTs的分散性,提高了BNNTs和Al_2O_3之间的结合性,这些效果能够从相关的力学性能上表现出来。添加经过SDS分散BNNTs烧结的复合材料,在添加相同质量分数的BNNTs的情况下,无论是弯曲强度还是断裂韧性,都比添加未经过SDS分散BNNTs烧结的样品要高。因此,对添加经过SDS分散BNNTs烧结的样品进行了相关的分析和测试。通过比较样品的相关性能可以看出,热压烧结的样品的相对密度都比较高,均到达了97%以上。同时,随着BNNTs添加量的增加,样品的相对密度略有下降。弯曲强度和断裂韧性最高值出现在添加质量分数为1.5%的BNNTs的样品上,其弯曲强度约为580.9 MPa,比相同条件烧结的纯Al_2O_3(365.6 MPa),提高了约59 %。而断裂韧性也从纯Al_2O_3的5.2 MPa · $m^{1/2}$,提高到了6.1 MPa · $m^{1/2}$。同第2章的情况相同,由于切口的钝化,可能造成断裂韧性的测量值比实际值略高,但是BNNTs在Al_2O_3中的补强增韧作用是十分显著的。

表 3.5 BNNTs/Al_2O_3复合材料的相关性能

+SDS	BNNTs 的质量分数/%	相对密度/%	弯曲强度 σ_f/MPa	断裂韧性 K_{IC}/(MPa·$m^{1/2}$)
×	0	98.9	365.6 ± 35.7	5.2 ± 0.8
√	1.0	98.4	436.1 ± 24.1	5.7 ± 0.3
√	1.5	98.0	580.9 ± 28.2	6.1 ± 0.1
√	2.0	97.8	452.1 ± 14.7	5.9 ± 0.5
×	1.0	—	419.6 ± 9.6	5.4 ± 0.9
×	1.5	—	478.0 ± 28.3	5.2 ± 0.2
×	2.0	—	385.3 ± 29.5	4.3 ± 0.4

图 3.10 为纯 Al_2O_3和质量分数为 1.5% 的 BNNTs/Al_2O_3复合材料的断口 SEM 图。从图 3.10(a)中可以看出,纯 Al_2O_3的晶粒较为粗大,且晶粒尺寸不均匀。同时,在烧结体内部能够发现少量气孔。在质量分数为 1.5% 的 BNNTs/Al_2O_3样品中,如图 3.10(b)所示,晶粒尺寸明显减小,晶粒大小较纯 Al_2O_3变得比较均匀,并且没有发现明显的气孔存在。另外,相关的研究均表明,添加纳米管除了抑制晶粒的生长之外,还能够改变陶瓷材料的断裂方式,在第 3.1 节的分析中可以明显地观察到断裂方式的改变,即由沿晶断裂方式转变为穿晶断裂方式。在图 3.10 中,断裂方式的改变并不明显。但是,在图 3.10(b)中依然可以观察到部分晶粒断裂后断口平齐,出现了明显的穿晶断裂的特征。从图 3.10(c)中可以观察到,BNNTs 主要分布在晶界上,少量分布在晶粒内部。分布在晶界上的 BNNTs 发挥了钉扎作用,不仅抑制晶粒的生长,同时也对晶界起到一种强化作用,从而促使断裂方式发生转变。在图 3.10(d)中,更明显地观察到烧结体内部的 BNNTs,断裂后 BNNTs 在断口的长度非常短,仅约为 300 nm。与第 2 章的断口形貌相比,BNNTs 的拔出长度明显降低,说明 BNNTs 与 Al_2O_3基体的结合性得到了改善,结合强度得到了提高。本章中使用的Al_2O_3粉体

(a) 纯Al_2O_3SEM图

(b) 质量分数为1.5% BNNTs/Al_2O_3复合材料的断口SEM图

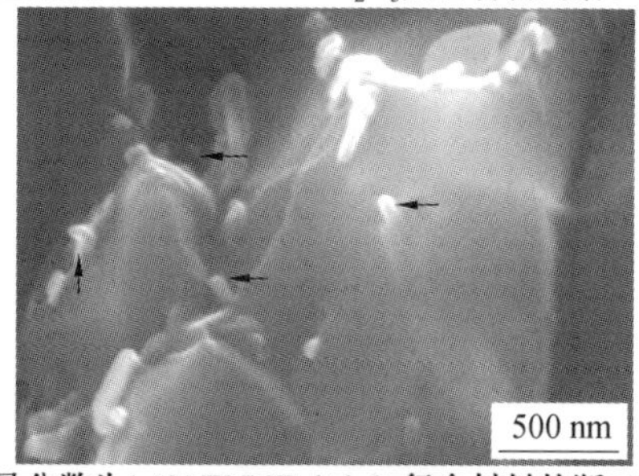

(c) 质量分数为1.5% BNNTs/Al_2O_3复合材料的断口SEM图

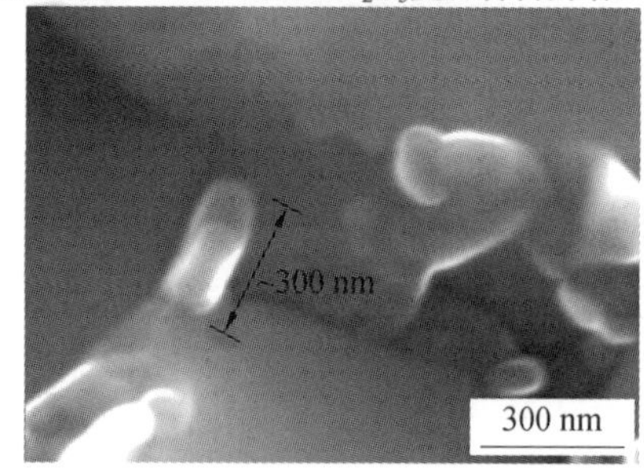

(d) 质量分数为1.5% BNNTs/Al_2O_3复合材料的断口SEM图

图3.10 纯 Al_2O_3和质量分数为 1.5% 的 BNNTs/Al_2O_3复合材料的断口 SEM 图

粒度较小,分布在 BNNTs 周围,与 BNNTs 结合更为容易,将其包裹在烧结体内部或者晶界上,结合更牢固。在断裂过程中,更不容易发生和基体的脱黏作用,造成断口处 BNNTs 长度变短。

3.2.5 高温力学性能

结构陶瓷的耐高温性能大都比较好,较低温度下,温度对陶瓷材料强度的影响不大。结构陶瓷材料一般情况下会存在脆性-延性转变温度,即材料产生性能变化的低温区和高温区的分界线。一般而言,在较低温度下,陶瓷材料的断裂破坏依然属于脆性破坏,没有塑性变形,同时极限应变很小,对微小缺陷比较敏感。在高温下,陶瓷材料在断裂前会产生微小的塑性变形,极限应变增加,有少量弹塑性行为。在脆性-延性转变温度以上,陶瓷材料的强度都会随着温度的升高而下降。脆性-延性转变温度与陶瓷材料的化学组成、价键的类型、陶瓷的微观结构、晶界相组成,特别是晶界玻璃相成分和含量密切相关[28]。

图 3.11 为 BNNTs/Al_2O_3复合材料从室温到 700 ℃弯曲强度测试曲线,其中曲线(2)为纯 Al_2O_3的高温弯曲强度测试曲线,曲线(1)为质量分数为 1.5% 的 BNNTs/Al_2O_3复合材料的高温弯曲强度测试曲线。从图中可以看出,随着温度的升高,二者的弯曲强度均出现了下降的趋势。但是,从图中可以明显地观察到,在每个测试点,BNNTs/Al_2O_3复合材料的强度均高于纯 Al_2O_3的强度。并且,纯 Al_2O_3在 600 ℃时出现了强度的急剧下降,而 BNNTs/Al_2O_3复合材料的强度急剧下降点出现在 700 ℃,高于纯 Al_2O_3近 100 ℃。当测试温度达到 700 ℃时,二者的强度降低到几乎相同的水平。

陶瓷材料高温强度与晶界玻璃相密切相关,晶界玻璃相的软化以及随后产生的晶界滑移,导致高温弯曲强度的下降。从图 3.11 可以观察到,温度升高,纯 Al_2O_3和 BNNTs/Al_2O_3复合材料的强度都随之降低。由于实验中测试温度较低($\leqslant$ 700 ℃),发生晶界滑移的概率非常低,所以强度的降低在很大程度上源于晶界玻璃相的软化[29]。如前面的分析,添加 BNNTs

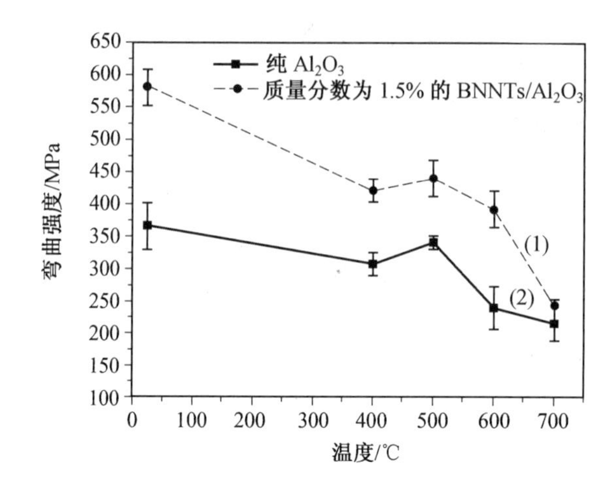

图 3.11 纯 Al_2O_3 和质量分数为 1.5% 的 BNNTs/Al_2O_3 复合材料的弯曲强度随温度的变化曲线

一方面可以起到强化晶界的作用，另一方面在高温下 BNNTs 依然可以通过桥联、拔出起到对 Al_2O_3 陶瓷的强韧化作用，从而保证了 BNNTs/Al_2O_3 复合材料在一定的温度下依然具有较高的强度，也初步体现了 BNNTs 作为陶瓷材料高温强韧相的优势。

在测试温度为 500 ℃时，二者的弯曲强度出现了回升，这种现象与材料中的玻璃相的黏滞效应有关。在测试点上，玻璃相的强度尚未明显下降，但是玻璃相的黏度正好减小到可以松弛裂纹尖端的应力集中，从而提高了对裂纹扩展的抵抗力，这时微裂纹的影响将会降低，弯曲强度得到一定提高[18]。

图 3.12 为纯 Al_2O_3 和质量分数为 1.5% 的 BNNTs/Al_2O_3 复合材料经过 700 ℃高温测试之后的断口 SEM 图。在图中，可以更为明显地观察到 BNNTs 对于晶粒异常生长的抑制作用。由于 BNNTs 有效地抑制了 Al_2O_3 晶粒的异常生长，并且在高温下依然能发挥强韧化作用。因此，在每个测试点，晶粒更为细小的 BNNTs/Al_2O_3 复合材料表现出更为优异的高温弯曲强度。

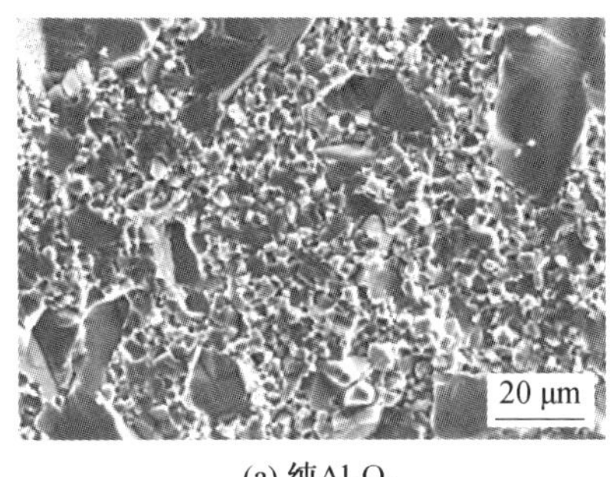

(a) 纯Al_2O_3

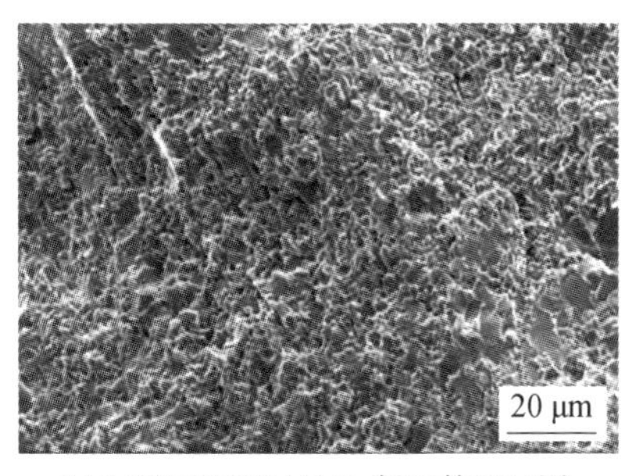

(b) 1.5% $BNNTs/Al_2O_3$断口的SEM图

图3.12　700 ℃高温测试后纯Al_2O_3和质量分数为1.5%的$BNNTs/Al_2O_3$复合材料的断口SEM图

3.2.6　界面结合

由于复合材料的界面是基体与增强体的结合处,是载荷传递的媒介,而且适当的界面结合强度也是发生BNNTs的桥联和拔出,进而实现BNNTs补强增韧作用的关键。因此,复合材料界面的研究是复合材料研究中的重点。

图3.13(a)和3.13(b)分别为质量分数为1.5%的$BNNTs/Al_2O_3$复合材料,在700 ℃高温测试前后的HRTEM图。无论是常温下还是经过了高温测试后,都可以看到BNNTs与Al_2O_3基体结合非常紧密。并且在图中能够清楚地观察到BNNTs的晶格条纹像,经过测量,计算为0.34 nm,符合

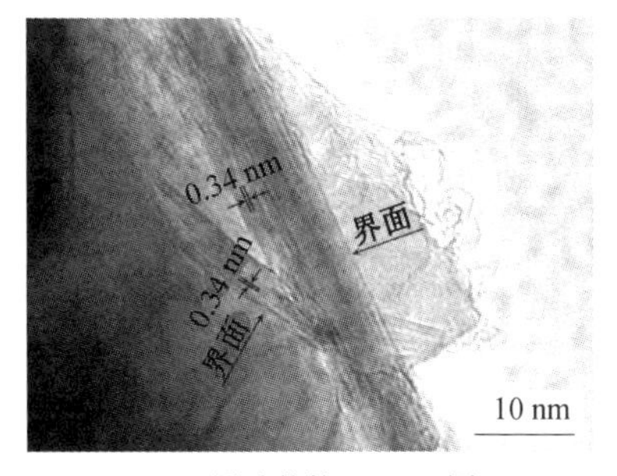

(a) 测试前的HRTEM图

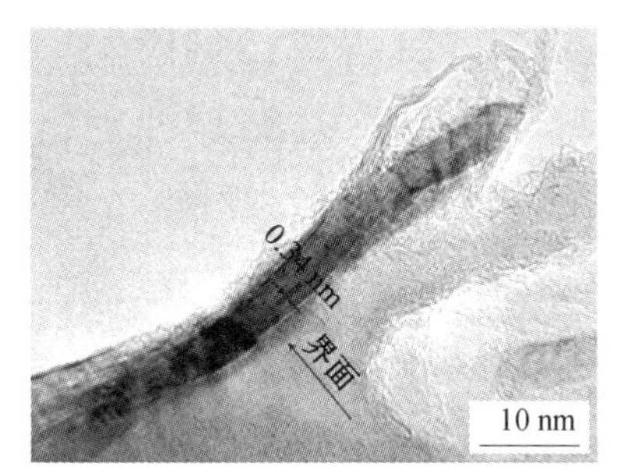

(b) 测试后的HRTEM图

图3.13　质量分数为1.5%的$BNNTs/Al_2O_3$复合材料在700 ℃高温测试前后界面的HRTEM图

BNNTs (002)晶面的面间距。在常温下的样品中,BNNTs 与 Al_2O_3的结合处与两侧略有不同。在经过高温测试之后,结合处的过渡区域宽化,变得比较明显。

在断口的 SEM 图中可以观察到,BNNTs 的拔出长度非常短,说明 BNNTs 与 Al_2O_3的结合强度比较高,结合性良好。良好的界面结合性保证了 BNNTs 拔出和桥联等机制的发生,从而充分发挥了 BNNTs 对于陶瓷材料补强增韧的作用。较强的界面结合是物理结合和化学结合两方面作用的结果。物理结合源于增强相与基体的热膨胀系数失配造成的残余热应力,而化学结合则源于二者之间发生的化学反应。

对于 BNNTs 与 Al_2O_3的化学结合,进行了相应的研究。BN 和 Al_2O_3都是比较稳定的化合物,二者在烧结过程中发生剧烈化学反应的可能性非常小。在图 3.13 中仅仅能够观察到很薄的过渡层。为了进一步验证二者之间是否有化学结合,对烧结的样品进行了 XRD 分析,如图 3.14 所示。其中,图 3.14(a)为 BNNTs 的 XRD 图谱,在图中可以明显地观察到 20°~30°之间的衍射峰,为 h-BN (JCPDS 34-0421)的(002)晶面的特征峰。图 3.14(b)为质量分数为 1.5% 的 BNNTs/Al_2O_3复合材料的 XRD 图谱,在图中仅能观察到 α-Al_2O_3(JCPDS 10-0173)的特征衍射峰,并没有发现其他物相的特征峰。没有发现 BNNTs 的衍射峰的原因在于 BNNTs 的添加量非常少,XRD 没有检测到。同时,也没有发现其他物相的特征峰,说明二者在烧结过程中没有发生化学反应,或者二者反应生成物的量非常小,XRD 也无法检测到。为此,在相同的条件下烧结出质量分数为 50% 的 BNNTs/Al_2O_3的样品,并对其进行了 XRD 检测,图谱如图 3.14(c)所示。其中,不仅能够观察到 α-Al_2O_3的特征衍射峰,同时也观察到一种新的物相 $Al_{18}B_4O_{33}$(JCPDS 32-0003)的衍射峰,从而证明了 BNNTs 与 Al_2O_3之间存在化学结合。在高温烧结过程中,会有微量的 AlO 和 O 生成,因此微量的 BNNTs 会被氧化生成 B_2O_3。B_2O_3和 Al_2O_3之间发生化学反应,从而生成 $Al_{18}B_4O_{33}$。相关的化学反应方程式为[30,31]

$$Al_2O_3 \longrightarrow 2AlO+O \tag{3.11}$$

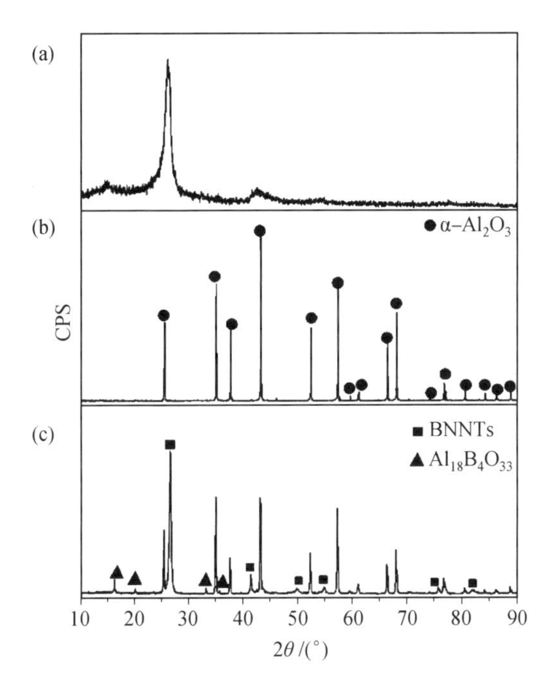

图 3.14　BNNTs（a）、质量分数为 1.5% 的 BNNTs/Al_2O_3(b)、质量分数为 50% 的 BNNTs/Al_2O_3(c)的 XRD 图谱

$$2BN+3O \longrightarrow B_2O_3+N_2 \tag{3.12}$$

$$9Al_2O_3+2B_2O_3 \longrightarrow Al_{18}B_4O_{33} \tag{3.13}$$

3.2.7　抗热震性

如第2章的分析，抗热震性是指材料承受温度急剧变化而不被破坏的能力，也称为抗热冲击性或热稳定性。抗热震性是陶瓷材料的一个重要性能，而“热震”也是导致陶瓷材料破坏的一种常见现象。陶瓷材料的热震破坏，分为热冲击作用下的瞬时断裂和热冲击循环作用下的开裂、剥落，直至整体损坏的热震损伤两类。

根据这两类破坏，对于陶瓷材料的抗热震性能的评价也分为两种观点[32]。一种是以热应力 σ_H 和强度 σ_f 之间的平衡条件作为判据，当 $\sigma_H \geq \sigma_f$ 时，即当材料的强度不足以抵抗热震温差引起的热应力时，导致材料发生破坏。

另一种观点是以热弹性应变能 W 和材料的断裂能 U 之间的平衡条件作为判据，当 $W \geqslant U$ 时，即材料中的热弹性应变能足以支付裂纹成核和扩展生成新生表面所需的能量时，裂纹就形核扩展，从而导致材料的破坏。

选取纯 Al_2O_3 和力学性能较好的质量分数为1.5%的 BNNTs/Al_2O_3 样品，分别进行抗热震性能测试，从而研究 BNNTs 对于 Al_2O_3 陶瓷抗热震性能的影响。样品加工成尺寸为3 mm × 4 mm × 30 mm 的样条，并用砂纸和 B_4C 研磨料对其表面和倒角进行处理。将其置于马弗炉中加热，分别加热到120 ℃，220 ℃，320 ℃，420 ℃，520 ℃和620 ℃，并保温30 min。然后将其在室温的水中急冷，即测试温差分别为100～600 ℃。最后对样条的残余弯曲强度进行测试从而来评定材料的抗热震性。

图3.15为纯 Al_2O_3 和质量分数为1.5%的 BNNTs/Al_2O_3 样品的残余弯曲强度随温差变化的曲线图。从图中可以看出，对于添加 BNNTs 的样品来说，临界温差（ΔT_c）大约为200 ℃，与纯 Al_2O_3 的差别不大。但是，在温差较小的阶段，与纯 Al_2O_3 相比，添加了 BNNTs 的样品对于温度的敏感性要大得多。在 ΔT_c 为0～200 ℃之间，添加 BNNTs 的样品的残余弯曲强度依然呈现出直线下降的趋势。对于纯 Al_2O_3，在此温差范围内强度变化不大。在 ΔT_c 附近，两个样品均出现了弯曲强度的急剧下降，随后逐渐稳定并略带下降的趋势。当 ΔT = 300 ℃时，纯 Al_2O_3 和质量分数为1.5%的 BNNTs/Al_2O_3 样品的弯曲强度分别下降到142.9 MPa 和158 MPa，分别损失了61%和73%。而当 ΔT = 600 ℃时，二者的强度均下降到70 MPa 左右，并且添加了 BNNTs 的样品强度还略低于纯 Al_2O_3 的强度。

Hasselman 通过对陶瓷棒抗热震性能的研究，推导出材料热震前后的强度满足下面的关系式[33]

$$\frac{\sigma_r}{\sigma_0} \propto \sigma_0^{-3/2} \tag{3.14}$$

式中 σ_r, σ_0——热震前后的强度。

从上面的关系式可以看出，材料的原始强度越高，其热震之后残余的

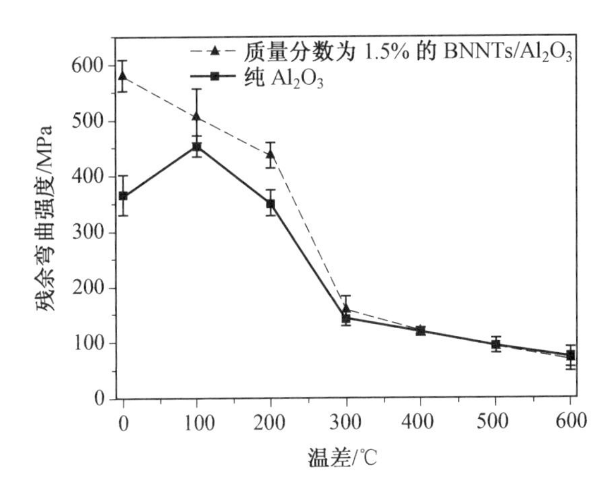

图 3.15　纯 Al_2O_3和质量分数为 1.5% 的 $BNNTs/Al_2O_3$的残余弯曲强度随温差变化的曲线图

强度就越低。上面的测试结果也证明了,在相同的温差条件下,添加 BNNTs 的样品热震之前强度较高,在热震之后其损失的强度也越多。

图 3.16 和 3.17 分别为 ΔT = 300 ℃抗热震测试后纯 Al_2O_3和质量分数为 1.5% 的 $BNNTs/Al_2O_3$的断口 SEM 形貌图。与常温下的断口形貌相比较,可以明显地观察到纯 Al_2O_3在热震测试之后断裂方式发生了改变。常温下纯 Al_2O_3的断口棱角分明,表现出沿晶断裂的模式,如图 3.10(a)所示。经过抗热震测试之后,断口较为平整,逐渐表现出穿晶断裂的模式,如图 3.16(a)所示。在放大倍数较高的图中,更能比较明显地观察到断裂方式的改变,如图 3.16(b)所示。穿晶断裂缩短了裂纹扩展的路径,对陶瓷材料的力学性能有不良的影响。更重要的是,在图 3.16(c)中,热震之后在纯 Al_2O_3内部留下的裂纹清晰可见,所以其弯曲强度降低明显。

如图 3.17 所示,添加 BNNTs 的样品与常温下的断裂方式相比,没有产生较为明显的变化,为沿晶和穿晶相结合的断裂方式。在高倍图片中可以观察到分布在晶界上的 BNNTs。尽管如此,急冷之后在烧结体的内部依然出现了明显的裂纹,如图 3.17(d)所示。BNNTs 在晶界上的存在对于 Al_2O_3陶瓷的抗热震性能并没有明显的帮助,在 ΔT = 300 ℃时,强度的下降达到 70 % 以上。

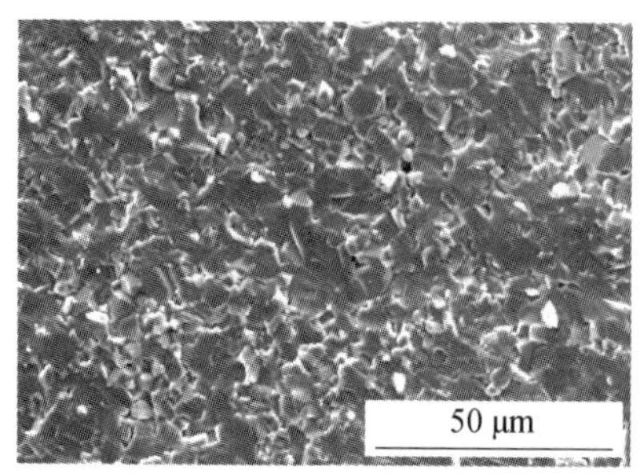

(a) 纯Al_2O_3抗热震测试后断口形貌图（低倍率）

(b) 纯Al_2O_3抗热震测试后断口形貌图（高倍率）

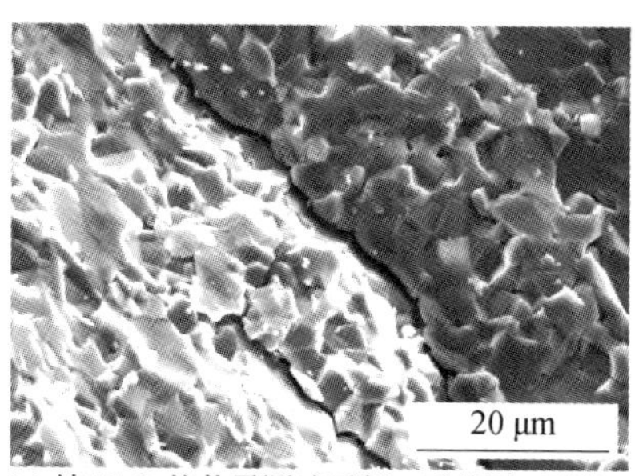

(c) 纯Al_2O_3抗热震测试后断口形貌图（裂纹）

图3.16 纯 Al_2O_3抗热震测试后（ΔT = 300 ℃）的断口 SEM 形貌图

表3.6为纯 Al_2O_3和质量分数为1.5%的 BNNTs/Al_2O_3 的力学性能。从表中看到，通过添加 BNNTs 对材料的弯曲强度和断裂韧性产生了较大的影响，而对材料的弹性模量影响较小。力学性能对于材料抗热震性能的影响可以用下面的公式

$$R = \Delta T_c = \frac{\sigma(1-\upsilon)}{\alpha E} \tag{3.15}$$

$$R'''' = \frac{{K_{IC}}^2}{\sigma^2(1-\upsilon)} \tag{3.16}$$

式中 σ—— 材料的弯曲强度；

α—— 热膨胀系数；

E—— 弹性模量；

υ—— 泊松比；

K_{IC}—— 断裂韧性。

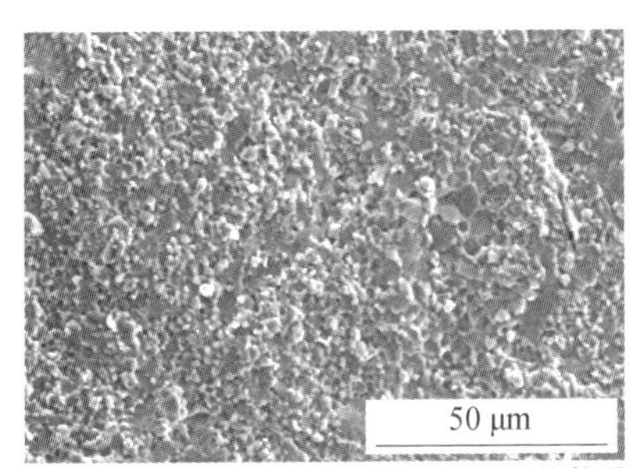

(a) 质量分数为1.5% BNNTs/Al_2O_3抗热震测试后断口形貌图（低倍率）

(b) 质量分数为1.5% BNNTs/Al_2O_3抗热震测试后断口形貌图（高倍率）

(c) 质量分数为1.5% BNNTs/Al_2O_3抗热震测试后断口形貌图（BNNTs）

(d) 质量分数为1.5% BNNTs/Al_2O_3抗热震测试后断口形貌图（裂纹）

图3.17　质量分数为1.5%的BNNTs/Al_2O_3抗热震测试后(ΔT = 300 ℃)的断口SEM形貌图

表3.6　纯Al_2O_3和质量分数为1.5%的BNNTs/Al_2O_3的力学性能

性能	Al_2O_3	质量分数为1.5%的BNNTs/Al_2O_3
弯曲强度 σ_f/MPa	365.6 ± 35.7	580.9 ± 28.2
断裂韧性 K_{IC}/(MPa · $m^{1/2}$)	5.2 ± 0.8	6.1 ± 0.1
弹性模量 E /GPa	363	342

式(3.15)与(3.16)中,R因子表明了材料在急冷条件下抵抗裂纹产生的能力,即材料的抗热震临界温差计算公式,而R''''因子表示在$\Delta T > \Delta T_c$的条件下,材料抵抗破坏的能力[22]。

添加少量的BNNTs虽然能够提高材料的力学性能,包括弯曲强度和断裂韧性,但是对于材料的抗热震性却没有明显的改善。本节的抗热震测试和上一节的测试结果非常类似,从残余弯曲强度随温差的变化曲线中可以看出,添加BNNTs的材料对于温度更加敏感。并且在温差较大的情况下,添加BNNTs的样品残余弯曲强度低于纯Al_2O_3。虽然BNNTs具有较好的热学性能,但是由于添加量过少,并不能有效地改善材料的热学性能。相反,在进行急冷的过程中,较少的BNNTs分散在基体内部,不能形成一个导热的通道。BNNTs与Al_2O_3基体之间的界面,管与管之间的界面等因素成了阻碍甚至抑制热量传导的因素。

由于BNNTs的添加量较少,对于Al_2O_3陶瓷的泊松比和热膨胀系数影响不大,所以选取二者的$\upsilon=0.22$,$\alpha=7.7\times10^{-6}/\mathrm{K}$进行相关的计算。经过计算,当$\Delta T_c$为101 ℃和172 ℃时,$R''''$分别为$2.59\times10^{-4}$和$1.41\times10^{-4}$。计算结果表明,在抵抗裂纹生成方面,添加BNNTs的样品比纯Al_2O_3陶瓷略好,即临界温差比纯Al_2O_3略高。在图3.15中能够看出,二者的临界温差差距不大,在$\Delta T<\Delta T_c$阶段,复合材料的强度要高于纯Al_2O_3。但是,添加BNNTs之后,R''''因子要小于纯Al_2O_3,说明在抵抗裂纹扩展方面,复合材料的能力要差。因此,在$\Delta T>\Delta T_c$阶段,复合材料的强度随着温差增大,趋于小于纯Al_2O_3的强度。

3.3 BNNTs的强韧化机理

目前,陶瓷材料的强韧化途径主要是在样品的制备过程中,利用机械混合的方式在其中加入起到强韧化作用的组分,如纤维、晶须、颗粒、纳米管等[34,35]。BNNTs与CNTs在结构和功能方面极为类似,因此在陶瓷材料中的强韧化机理也是类似的。BNNTs这类纳米管状材料,具有同纤维类似的作用,同时,由于其尺寸非常小,也能产生第二相颗粒的效果。因此,BNNTs在陶瓷材料的强韧化当中的机理包括裂纹偏转、BNNTs的脱结合、桥联、断裂和拔出等。

BNNTs的补强增韧机理示意图如图3.18所示,其中图3.18(a)为裂纹的偏转。当裂纹沿着主裂纹的方向扩展的过程中遇到BNNTs时,由于BNNTs的阻挡,裂纹将改变扩展的方向,沿着BNNTs与基体的界面进行扩

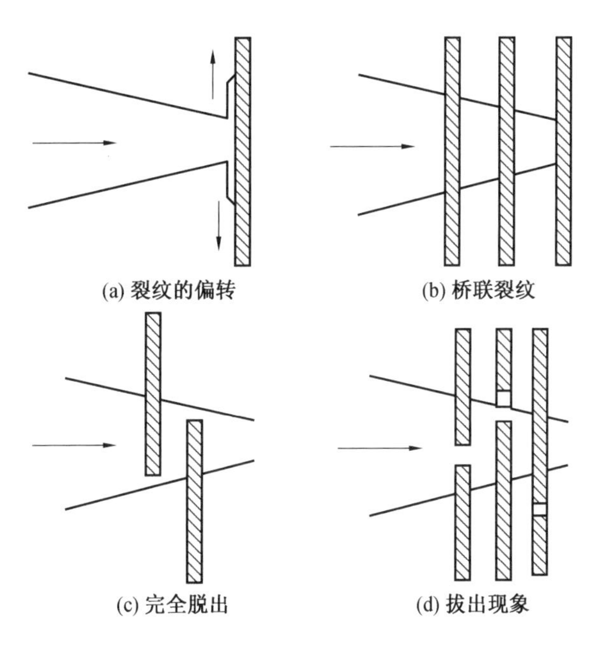

图 3.18 BNNTs 的强韧化机理示意图

展,从而产生了裂纹的偏转。在裂纹偏转沿着界面重新扩展的过程中,产生了 BNNTs 与界面的脱结合。同时,在这个过程中增加了裂纹扩展的路径,这都将消耗掉部分裂纹扩展的能量,提高材料的强度和韧性。图 3.18(b)为 BNNTs 桥联裂纹的示意图。在裂纹尖端尾部区域由于 BNNTs 的高强度和高模量连接断裂的两个表面,形成一个使裂纹面相互靠近的闭合力,从而减缓甚至阻止裂纹的继续扩展。随着外力的增大和裂纹的进一步扩展,裂纹面的间距越来越大,BNNTs 和基体脱结合,外力进一步增大时会发生 BNNTs 一侧从基体中完全脱出的现象,如图 3.18(c)所示。BNNTs 承受的应力大于 BNNTs 本身的强度时,发生 BNNTs 的断裂现象。当 BNNTs 的断裂面不在基体断裂面上的时候,随着裂纹进一步扩展还会发生 BNNTs 的拔出现象,如图 3.18(d)所示。这些现象都将消耗掉大部分裂纹扩展的能量,从而提高陶瓷材料的力学性能。

由于 BNNTs 的柔韧性比较好,不会像纤维一样排列整齐不易变形,而是在陶瓷内部随机分布。在烧结的过程中,随着晶界的移动和晶粒的长大,分布在晶界的BNNTs会随着晶粒的形状进行随意的弯曲,从而紧贴晶粒分布。在图3.4关于Al_2O_3陶瓷的断口SEM图中,可以清晰地观察到BNNTs在晶粒上留下的印痕。从这些弯曲的印痕可以看出BNNTs是随着晶粒的形状分布在晶界上的。

在陶瓷材料承载的载荷超过其强度的时候,基体首先出现裂纹。随着外力的增加和裂纹的扩展,遇到BNNTs。BNNTs首先起到对于裂纹扩展的阻碍作用。扩展动力小的裂纹就会在此终止,而扩展动力大的将继续扩展。由于BNNTs的两端在基体中固定,裂纹的进一步扩展将使弯曲在晶界上的BNNTs与基体脱结合,随后那些与裂纹方向垂直或者成一定角度的BNNTs就会被拉紧。被拉紧的BNNTs在裂纹的扩展过程中,承载基体的部分载荷,起到桥联的作用。当桥联的BNNTs承受的应力大于自身的强度时,发生断裂和拔出,消耗能量。BNNTs的脱结合、桥联、断裂以及随后发生的拔出等,都会提供一个使断裂面闭合的力,因此能够阻止裂纹的进一步扩展。

将BNNTs/Al_2O_3复合材料表面经过抛光之后,利用维式硬度计压头预制裂纹进行观察,如图3.19所示。正是由于BNNTs在基体中的随机分布,因此BNNTs与裂纹扩展的方向呈任意角度。在图中可以观察到不同分布状态的BNNTs具有不同的作用。与裂纹扩展方向垂直或者成一定角度的BNNTs,在裂纹扩展过程中,将会起到桥联的作用,直达到其临界应力而发生断裂,而那些与裂纹扩展方向平行的BNNTs会随着裂纹的进一步扩展,发生与基体的剥离。在图3.19(a)中,可以分别观察到桥联(箭头1)、断裂(箭头2)和剥离(箭头3)现象。更为重要的是,在图3.19(b)中,观察到另外一种增韧现象,即晶粒桥联和纳米管桥联的耦合现象,在Kim等人的报道中首次提及[36]。粗晶Al_2O_3中易于出现晶粒的桥联现象(箭头1),加上BNNTs的桥联(箭头2),出现二者之间的耦合增韧。在图3.19(b)中,同时可以观察到裂纹偏转的现象,裂纹呈现出锯齿状的扩展路径。以上提到的桥联、断裂、剥离等效果,都能够在裂纹的扩展过程中增加裂纹的扩展路程,同时消耗能量,从而使材料的弯曲强度和断裂韧性同时得到提高。

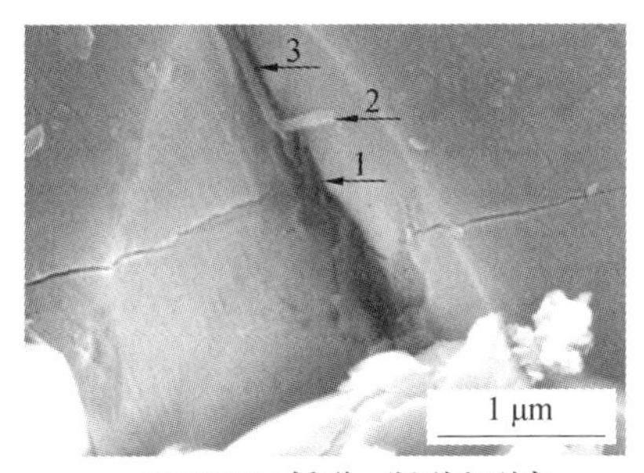

(a) BNNTs桥联、断裂和剥离

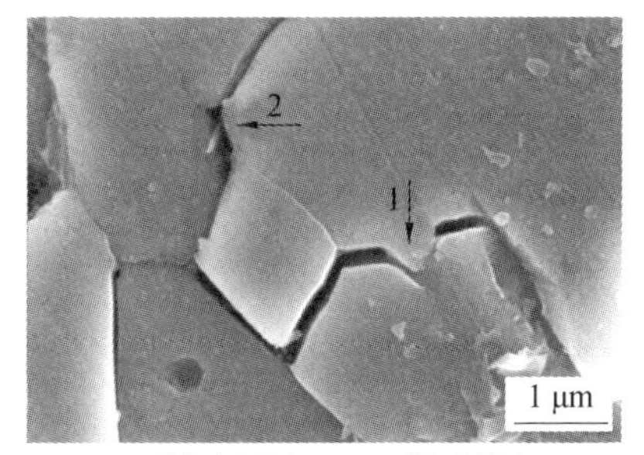

(b) 晶拉桥联与BNNTs桥联耦合

图 3.19　BNNTs/Al_2O_3复合材料预制裂纹表面的 SEM 图

通过上面的分析可以看出，桥联现象是 BNNTs 强韧化陶瓷材料中重要的机理。桥联消耗的能量 G_{bridging} 可以用下式计算[37]

$$G_{\text{bridging}} = \sigma_{\text{BNNTs}}^2 V_{\text{BNNTs}} l / 3E_{\text{BNNTs}} \tag{3.17}$$

式中　σ_{BNNTs}——BNNTs 的拉伸强度；

V_{BNNTs}——BNNTs 在陶瓷中的体积分数；

E_{BNNTs}——BNNTs 的弹性模量；

l——BNNTs 与基体脱结合的长度。

其中 l 可以用下式计算[37]：

$$c/l = \sigma_{\text{BNNTs}} / 2E_{\text{BNNTs}} \tag{3.18}$$

式中　c——产生桥联的 BNNTs 断裂之前裂纹开裂的宽度。

利用式(3.17)和(3.18)，令 $\sigma_{\text{BNNTs}} = 30$ GPa，$E_{\text{BNNTs}} = 900$ GPa，$V_{\text{BNNTs}} = 0.042$(质量分数为1.5%)，$c = 100$ nm，计算得 $G_{\text{bridging}} = 84$ J/m^2。考虑到 BNNTs 在基体中是随机分布的，能够真正起到桥联作用的按 1/3 计算，因此添加质量分数为 1.5% 的 BNNTs 可以在材料破坏过程中消耗约 28 J/m^2 能量。

另外一个比较重要的强韧化机理就是 BNNTs 的拔出。目前，在纳米管强韧化陶瓷的机理中，对于拔出现象的理解也是颇具争议的。拔出，指的是基体开裂过程中，那些桥联失败并且断口不在基体断裂面上的纳米管，在基体内部的那部分被拉出的现象，这种现象在纤维增强的复合材料破坏中会经常看到，是这类复合材料非常重要的强韧化机理，而且这种现象也可在CNTs增韧陶瓷材料中被观察到，也是强韧化的重要机理之一。这种拔出现象所消耗的能量$G_{pull-out}$可表示为[38]

$$G_{pull-out}=\frac{V_{BNNTs}l^2\tau}{3d_{BNNTs}} \tag{3.19}$$

式中 V_{BNNTs}——BNNTs在陶瓷中的体积分数；

l——BNNTs的拔出长度；

d_{BNNTs}——BNNTs的直径；

τ——界面剪切强度。

界面剪切强度可用下式计算[23]，即

$$\tau=\frac{\sigma_{BNNTs}d_{BNNTs}}{4l} \tag{3.20}$$

式中 σ_{BNNTs}——BNNTs的拉伸强度。

在图3.10(d)中，观察到在BNNTs/Al_2O_3的断口上，BNNTs的长度非常短，约为300 nm，认为是BNNTs拔出造成的。利用式(3.19)和(3.20)，令σ_{BNNTs} = 30 GPa，V_{BNNTs} = 0.042（质量分数为1.5%），l = 300 nm，d = 30 nm，计算得τ = 750 MPa，$G_{pull-out}$ = 31.5 J/m^2。考虑到拔出现象需要在桥联失败后发生，BNNTs在基体中能够发生桥联后再出现拔出现象的按1/6计算，因此添加质量分数为1.5%的BNNTs可以在材料破坏过程中由于拔出消耗约5.3 J/m^{2}能量。

在Kothari的研究中指出，纳米管的断裂和拔出现象与纤维不同。在MWNTs（多壁碳纳米管）增强陶瓷材料中，MWNTs只有最外层一部分石墨层可以承受载荷。在材料破坏的过程中，最外层承载的石墨层破坏断裂之后，内部的石墨层将被从中拔出，形成所谓的“剑-鞘”结构[39]。这就是纳米管不同于纤维在强韧化过程中表现出的拔出现象。Yamamoto等人利用TEM和单根纳米管的拔出实验，在MWNTs/Al_2O_3复合材料中证实了这种现象[40]。即在材料破坏过程中，外层石墨层遭到破坏，之后芯从外壳中拔出，留着一个只有几层的壳在基体当中，而非整根纳米管从基体中拔出。

BNNTs 作为与 CNTs 结构类似的材料,具有同样的现象。Lahiri 等人对于 BNNTs/HA 复合材料的研究计算表明,10 ~ 50 层的多壁 BNNTs 在 HA 复合材料中的有效承载层只有最外面的 5 层[38]。并且 Hang 等人对于 BNNTs/Si_3N_4的研究中,也观察到了明显的“剑-鞘”结构[26]。

而 Mukhopadhyay 等人在研究中指出,在 CNTs 增强的材料中,没有或者很少发生纳米管的拔出现象[37]。由于纳米管在基体中随机分布,所以纳米管的取向并不能与应力方向完全垂直。这样随机分布的结果将会造成桥联的纳米管在裂纹面与基体的结合点处出现弯曲褶皱现象,从而造成此处应力集中,使纳米管在此处被破坏,不会产生拔出现象。桥联纳米管出现褶皱示意图如图 3.20 所示。

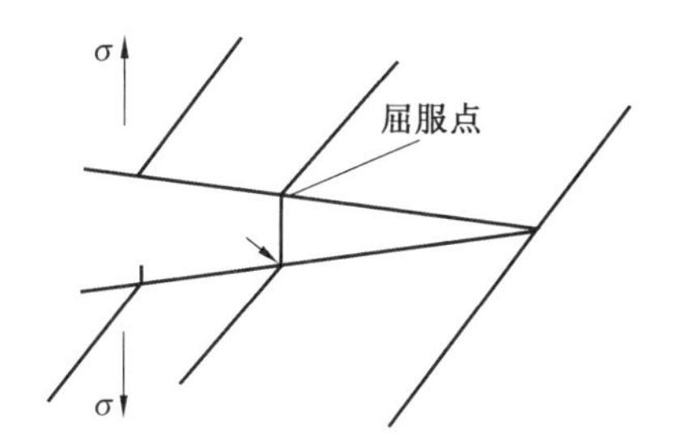

图 3.20　桥联纳米管出现褶皱示意图

在实验中观察到 BNNTs 独特的断裂方式,不同于 CNTs“剑-鞘”结构的断裂和拔出方式,同时也并非在与基体结合处断裂,而是在桥联承载过程中,随着裂纹扩展和载荷增大,BNNTs 产生较大的应变,出现明显的“颈缩”现象,最终完全断裂。在图 3.21(a)所示的断口 SEM 照片中可以看到 BNNTs 断裂处的细化现象,而在图 3.21(b)所示的预制裂纹表面 SEM 照片中,明显观察到 BNNTs 产生了较大应变,出现“颈缩”之后发生断裂。

采用将块体材料磨碎的方式进行 HRTEM 观察,如图 3.22 所示,在材料破坏的位置能够同样观察到 BNNTs 明显的细化现象,即图中箭头所指之处。说明 BNNTs 在断裂之前承受了比较大的载荷,最终发生断裂,对于实验中制备的复合材料力学性能的提高起到了积极的作用。

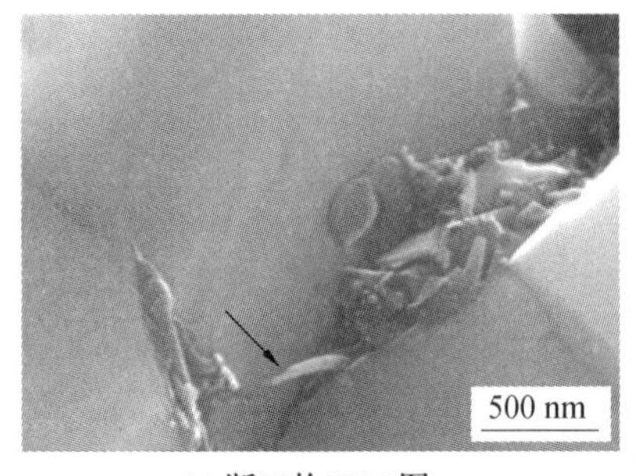

(a) 断口的SEM 图

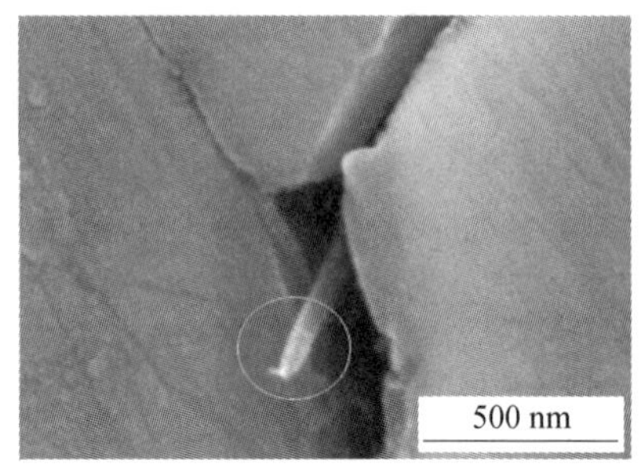

(b) 裂纹表面的SEM 图

图 3.21 BNNTs/Al_2O_3复合材料断口和预制裂纹表面的 SEM 图

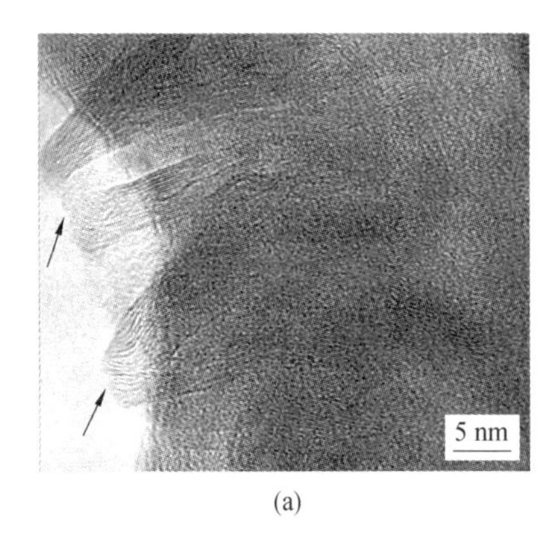

(a)

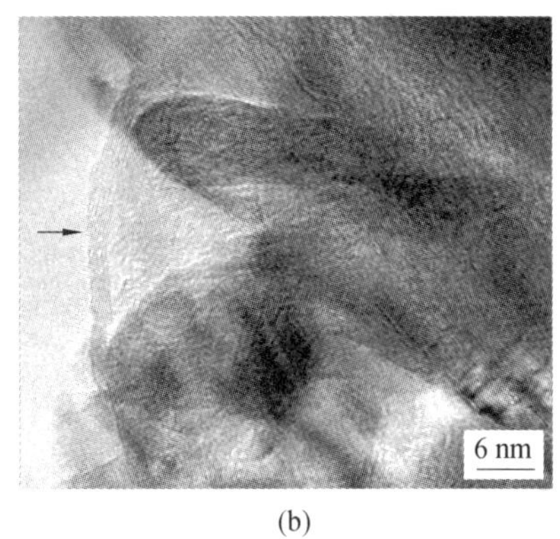

(b)

图 3.22 BNNTs/Al_2O_3复合材料的 HRTEM 图,表明 BNNTs 在破坏处的形貌

BNNTs 在基体中断裂的示意图如图 3.23 所示。与裂纹扩展方向垂直的 BNNTs 首先发挥桥联的作用,随着裂纹扩展和外力增大而出现“颈缩”现象,达到极限应变而发生断裂。

综合前面的分析,在材料的断口 SEM 图中可以观察到 BNNTs,同时 BNNTs 表现出不同于 CNTs 的断裂方式。由于不同于 CNTs 的“剑-鞘”结构的断裂和拔出方式,无法准确判断断口处的 BNNTs 是否是从基体中拔出造成的。但是拔出同桥联和断裂一样,作为陶瓷基复合材料中常见的补强增韧机理,对于材料力学性能的提高起到了积极的作用。同时,这种断裂方式使得 BNNTs 中的 BN 层全部断裂,能够比“剑-鞘”结构的断裂方式消耗更多的能量,更利于 BNNTs 发挥其强韧化效应。

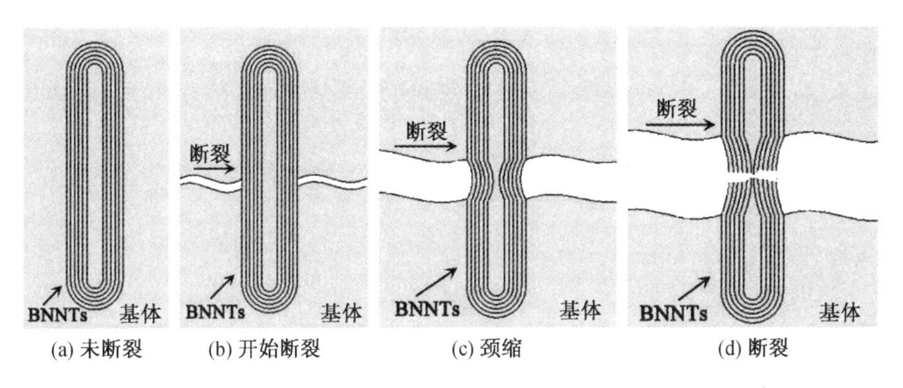

图 3.23　BNNTs 在基体中断裂的示意图

3.4　小　结

添加 BNNTs 对 Al_2O_3 陶瓷产生了较大的影响，尤其补强增韧效果明显。BNNTs 补强增韧 Al_2O_3 陶瓷的机制主要包括裂纹的偏转、BNNTs 的脱结合、桥联、拔出和断裂等，尤其包括晶粒桥联和 BNNTs 桥联的耦合以及 BNNTs 独特的断裂方式。通过添加 BNNTs 作为强韧相，Al_2O_3 陶瓷的室温和高温力学性能均得到明显的提高。随着 BNNTs 含量的增加，复合材料的相对密度下降。同时，BNNTs 起到较好的细化晶粒的作用，随着添加量增加晶粒尺寸下降。添加 BNNTs 对于 Al_2O_3 陶瓷的抗热震性改善甚微，而且添加之后对温度更为敏感。由于 BNNTs 的添加量较少，二者的界面对热传导起到阻碍甚至抑制的作用，所以没能有效改善抗热震性。BNNTs 与 Al_2O_3 基体的界面结合良好，没有明显的过渡层。烧结过程中结合处微量的 $Al_{18}B_4O_{33}$ 生成保证具有强度较高的化学结合。

参考文献

[1] MUNRO R G. Evaluated materials properties for a sintered α-alumina [J]. Journal of the American Ceramic Society, 1997, 80(8): 1919-1928.

[2] IGHODARO O L, OKOLI O I. Fracture toughness enhancement for alumina systems: A review [J]. International Journal of Applied Ceramic Technology, 2008, 5(3): 313-323.

[3] 邓建新，艾兴. SiC 晶须增韧 Al_2O_3 陶瓷组成优化及其断裂行为的研究 [J]. 材料科学与工程, 1995, 13(1): 33-36.

[4] ZHAN G D, KUNTZ J D, WAN J, et al. Single-wall carbon nanotubes as attractive toughening agents in alumina-based nanocomposites [J]. Nature Materials, 2003, 2(1): 38-42.

[5] BANASL N P, HURST J B, CHOI S R. Boron nitride nanotubes-reinforced glass composites [J]. Journal of the American Ceramic Society, 2006, 89(1): 388-390.

[6] CHOI S R, BANSAL N P, GARG A. Mechanical and microstructure characterization of boron nitride nanotubes-reinforced SOFC seal glass composite [J]. Materials Science and Engineering A, 2007, 460-461: 509-515.

[7] HUANG Q, BANDO Y, XU X, et al. Enhancing superplasticity of engineering ceramics by introducing BN nanotubes [J]. Nanotechnology, 2007, 18(48): 485706 (7pp).

[8] LIU H, CHAI Y, HUANG C, et al. Effect of boron nitride nanotubes content on mechanical properties and microstructure of Ti(C, N)-based cermets [J]. Ceramics International, 2015, 41(2): 2813-2818.

[9] YUE C, LIU W, ZHANG L, et al. Fracture toughness and toughening mechanisms in a (ZrB_2-SiC) composite reinforced with boron nitride nanotubes and boron nitride nanoplatelets [J]. Scripta Materialia, 2013, 68(8): 579-582.

[10] TATARKO P, GRASSO S, PORWAL H, et al. Boron nitride nanotubes as a reinforcement for brittle matrices [J]. Journal of the European Ceramic Society, 2014, 34(14): 3339-3349.

[11] 张长瑞, 郝元恺. 陶瓷基复合材料——原理、工艺、性能与设计[M]. 长沙: 国防科技大学出版社, 2001.

[12] 贾成厂, 郭宏. 复合材料教程[M]. 北京: 高等教育出版社, 2010.

[13] 杨序纲. 复合材料界面[M]. 北京: 化学工业出版社, 2010.

[14] WEI X, WANG M S, BANDO Y, et al. Tensile tests on individual multi-walled boron nitride nanotubes[J]. Advanced Materials, 2010, 22(43): 4895-4899.

[15] FAN J P, ZHUANG D M, ZHAO D Q, et al. Toughening and reinforcing alumina matrix composite with single-wall carbon nanotubes[J]. Applied Physics Letters, 2006, 89(12): 121910 (3pp).

[16] MANIWA Y, FUJIWARA R, KIRA G, et al. Multiwalled carbon nanotubes grown in hydrogen atmosphere: an X-ray diffraction study[J]. Physical Review B, 2001, 64(7): 073105 (4pp).

[17] 陆佩文. 无机材料科学基础[M]. 武汉: 武汉理工大学出版社, 1996.

[18] 谢志鹏. 结构陶瓷[M]. 北京: 清华大学出版社, 2011.

[19] 德 白鹤纳施-阿松朗, 张颖. 热压烧结——理解烧结机理的新途径[J]. 无机材料学报, 1988, 3(4): 289-304.

[20] BAE I J, BAIK S. Abnormal grain growth of alumina[J]. Journal of the American Ceramic Society, 1997, 80(5): 1149-1156.

[21] INAM F, YAN H, PEIJS T, et al. The sintering and grain growth behavior of ceramic-carbon nanotube nanocomposites[J]. Composites Science and Technology, 2010, 70(6): 947-952.

[22] HASSELMAN D P H. Unified theory of thermal shock fracture initiation and crack propagation in brittle ceramics[J]. Journal of the American Ceramic Society, 1969, 52(11): 600-609.

[23] WANG L, SHI J L, GAO J H, et al. Influence of a piezoelectric secondary phase on thermal shock resistance of alumina-matrix ceramics[J].

Journal of the American Ceramic Society, 2002, 85(3): 718-720.

[24] 范锦鹏, 赵大庆, 徐则宁, 等. 多壁碳纳米管-氧化铝复合材料的制备及其力学、电学性能研究[J]. 中国科学:E辑, 2005, 35(9): 934-945.

[25] MO C B, CHA S I, KIM K T, et al. Fabrication of carbon nanotube reinforced alumina matrix nanocomposite by sol-gel process [J]. Materials Science and Engineering A, 2005, 395(1-2): 124-128.

[26] HANG Q, BANDO Y, XU X, et al. Enhancing superplasticity of engineering ceramics by introducing BN nanotubes [J]. Nanotechnology, 2007, 18(48): 485706(7pp)

[27] 李玲. 表面活性剂与纳米技术[M]. 北京: 化学工业出版社, 2004.

[28] NAIR S V, JAKUS K. High temperature mechanical behavior of ceramic composites [M]. Newton: Butterworth-heinemann, 1995.

[29] KUMSUNOSE T, SUNG R J, SEKINO T, et al. High-temperature properties of a silicon nitride/boron nitride nanocomposite [J]. Journal of Materials Research, 2004, 19(5): 1432-1438.

[30] AHMAD I, UNWIN M, CAO H, et al. Multi-walled carbon nanotubes reinforced Al_2O_3 nanocomposites: Mechanical properties and interfacial investigations [J]. Composites Science and Technology, 2010, 70(8): 1199-1206.

[31] ZHU Y C, BANDO Y, MA R Z. Alunimum borate-boron nitride nanocables [J]. Advanced Materials, 2003, 15(16): 1377-1379.

[32] 周玉, 雷廷权. 陶瓷材料学[M]. 北京: 科学出版社, 2004.

[33] HASSELMAN D P H. Strength behavior of polycrystalline alumina subjected to thermal shock [J]. Journal of the American Ceramic Society, 1970, 53(9): 490-495.

[34] EVANS A G. Perspective on the development of high-toughness ceramics [J]. Journal of the American Ceramic Society, 1990, 73(2): 187-206.

[35] BECHER P F. Microstructural design of toughened ceramics [J]. Journal of the American Ceramic Society, 1991, 74(2): 255-269.

[36] KIM S W, CHUNG W S, SOHN K S, et al. Improvement of flexure strength and fracture toughness in alumina matrix composites reinforced with carbon nanotubes [J]. Materials Science and Engineering A, 2009, 517(1-2): 293-299.

[37] MUKHOPADHYAY A, CHU B T T, GREEN M L H, et al. Understanding the mechanical reinforcement of uniformly dispersed multiwalled carbon nanotubes in alumino-borosilicate glass ceramic [J]. Acta Materialia, 2010, 58(7): 2685-2697.

[38] LAHIRI D, SINGH V, BENADUCE A P, et al. Boron nitride nanotube reinforced hydroxyapatite composite: Mechanical and tribological performance and in-vitro biocompatibility to osteoblasts [J]. Journal of the Mechanical Behavior of Biomedical Materials, 2011, 4(1): 44-56.

[39] KOTHARI A K, JIAN K, RANKIN J, et al. Comparison between carbon nanotube and carbon nanofiber reinforcements in amorphous silicon nitride coatings [J]. Journal of the American Ceramic Society, 2008, 91(8): 2743-2746.

[40] YAMAMOTO G, SHIRASU K, HASHIDA T, et al. Nanotube fracture during the failure of carbon nanotube/alumina composites [J]. Carbon, 2011, 49(12): 3709-3716.

第4章 氮化硼纳米管/二氧化硅复合材料

二氧化硅(SiO_2)陶瓷具有较低的密度、热膨胀系数和热导率，耐酸碱腐蚀性好，电绝缘性好，成本低及优异的介电性能[1-5]。但是，SiO_2陶瓷是一种典型的脆性材料，严重影响了材料的可靠性和应用范围，因此提高其力学性能一直以来都是SiO_2陶瓷研究的热点之一。现阶段比较普遍采用的方式是在SiO_2基体中添加第二相达到补强增韧的目的。常用的方法包括以下几种。

(1)纤维强韧化。

在现阶段已有的报道中，纤维的种类主要包括碳纤维、石英纤维和硼硅酸铝纤维等。其中运用碳纤维增韧SiO_2陶瓷的技术已经非常成熟，并已经在某些特定的领域得到了推广应用。早在1990年，郭景坤应用体积分数为30%的碳纤维改善了石英玻璃的力学性能，其弯曲强度达到了300 MPa，断裂功较石英玻璃高2~3个数量级[6]。Jia等人在2003年采用体积分数为10%的短碳纤维和体积分数为5%的氮化硅联合对SiO_2陶瓷进行了补强增韧。其断裂韧性增加近140%，弯曲强度达到73.2 MPa，并且具有优异的高温力学性能[7]。

(2)晶须强韧化。

1988年，日本人吉村昌弘运用Si_3N_4晶须对SiO_2陶瓷进行了强韧化研究，在1 200 ℃运用热压烧结工艺，得到了无SiO_2析晶的致密化材料，其断裂韧性介于2.0~2.9 $MPa \cdot m^{1/2}$之间。岛沼英朗等人运用SiC晶须对SiO_2陶瓷进行强韧化研究，运用热等静压工艺制备的复合材料的断裂韧性为2.3 $MPa \cdot m^{1/2}$[8]。

(3)颗粒弥散强韧化。

目前较为常见的改善SiO_2陶瓷力学性能的颗粒主要有BN，Si_3N_4等。

与晶须强韧化比较,颗粒在基体中分散更容易,工艺也更简便。运用颗粒弥散增韧的方式改善陶瓷力学性能的主要机理为,增强相与基体的界面结合以及颗粒的存在导致的裂纹偏转。哈尔滨工业大学贾德昌等人运用凝浆铸模技术先将初始原料成型,然后再无压烧结制备了 BN/SiO_2复合材料,其最高弯曲强度为 100 MPa[8]。

(4)表面处理。

由于SiO_2陶瓷难以致密化,在其表面会存在许多气孔,气孔将会破坏SiO_2陶瓷的力学性能,而对分布于陶瓷表面的气孔等缺陷进行封堵,会有效地改善力学性能。山东工业陶瓷研究设计院崔唐茵等人运用有机树脂和氟碳树脂对SiO_2陶瓷进行表面处理,最终使SiO_2陶瓷的弯曲强度从 50.2 MPa提高到60.1MPa[9]。

(5)纳米管强韧化。

纳米管已经成为一种新兴的增韧材料,并且已经在多种陶瓷、金属等材料中得以应用。其中尤以碳纳米管(CNTs)的应用最为广泛。同样,许多研究者也着力研究了 CNTs 对SiO_2基体力学性能的影响。Ning 等人用表面活性剂对 CNTs 进行分散,采用热压烧结的工艺成功制备了 CNTs/SiO_2复合材料,弯曲强度和断裂韧性在 CNTs 的体积分数为5%时分别达到了 90.7 MPa 和 2.46 MPa · $m^{1/2}$,并通过对复合材料的断口形貌的分析,得出 CNTs 的增韧机理为管的拔出和桥联作用消耗了陶瓷在断裂时产生的能量,并最终起到了补强增韧的作用[10]。

本章通过在SiO_2基体中添加 BNNTs 和 Al_2O_3作为补强增韧相,运用热压烧结的工艺制备SiO_2复合材料,并对其力学性能和介电性能进行了研究和讨论。

4.1 BNNTs/SiO_2复合材料

4.1.1 实验方法

(1) 称取不同质量的 BNNTs 和SiO_2粉料。

(2) 将称量好的粉料放入树脂球磨罐中湿法球磨 12 h。分散介质为乙醇。

(3) 将混合后的浆料放入干燥箱中干燥,然后将复合粉体过 200 目筛。

(4) 将粒度均匀的复合粉体放入热压烧结炉中烧结。保温时间为 1 h,烧结压力为 30 MPa,保护气氛为氩气。

(5) 将烧结后的陶瓷试样进行磨削、切削等机械加工,然后对其进行性能测试和微观结构分析。

4.1.2 物相组成和微观结构

图 4.1 是 BNNTs/SiO_2复合材料的 XRD 图谱。从图中可以发现,除了石英相和方石英相之外,BNNTs 相并没有被检测到。其原因在于:

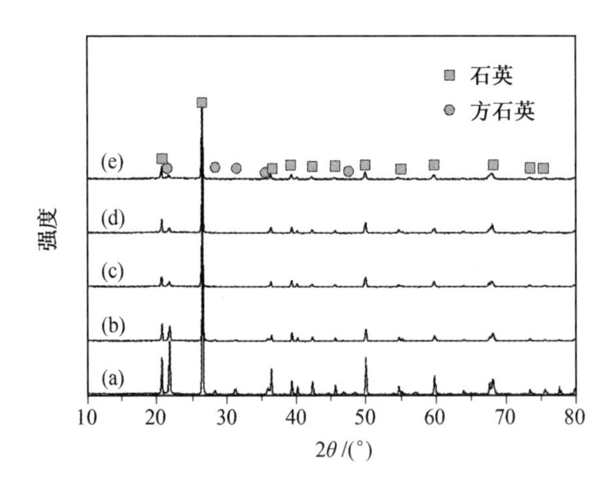

图 4.1 BNNTs/SiO_2复合材料的 XRD 图谱

(a)—质量分数为 0% 的 BNNTs;(b)—质量分数为 1% 的 BNNTs;(c)—质量分数为 3% 的 BNNTs;(d)—质量分数为 5% 的 BNNTs;(e)—质量分数为 7% 的 BNNTs

(1) 较低的 BNNTs 含量,在 XRD 检测中很难被检测出。

(2) 由于 BN 的(002)晶面与石英相的(101)晶面在衍射角为 26°时,两者衍射峰相互重叠,因此很难从具有较强衍射峰的石英相中分辨出

BNNTs 的特征峰。

另外,从图中还可以看到,随着 BNNTs 含量的增加,方石英相的特征峰的相对强度逐渐降低,因此可以认为 BNNTs 具有抑制方石英相生成的作用。

图 4.2 为纯 SiO_2陶瓷和添加 BNNTs 后的 SiO_2复合材料的断口形貌扫描照片。对比图 4.2(a)和 4.2(b),可以看出,添加了质量分数为 5% BNNTs 的 SiO_2复合材料和纯 SiO_2陶瓷的断口形貌明显不同,但是在图 4.2(b)中由于放大倍数较小很难观测到典型的 BNNTs 形貌。另外,对比图 4.2(a)和 4.2(b)还可以明显地观察到,BNNTs 的添加改变了 SiO_2陶瓷的断裂方式,由沿晶断裂转变为穿晶断裂。为了清楚地观察 BNNTs 在复合材料断口上的存在方式,增大场发射扫描电子显微镜(FESEM)的放大倍数,如图4.2(c)所示,从中可以观察到一种典型的BNNTs的拔出形貌,并

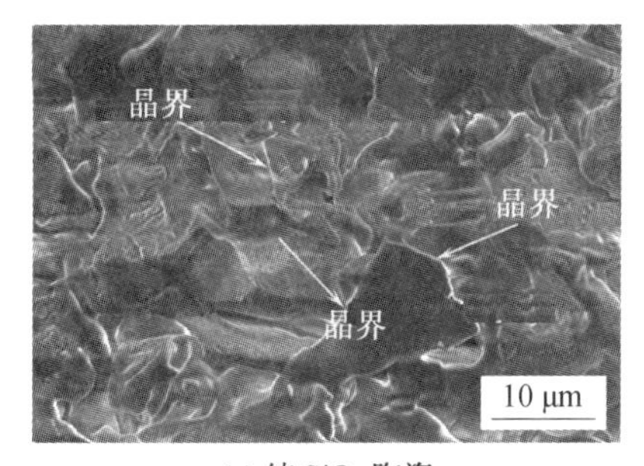

(a) 纯 SiO_2 陶瓷

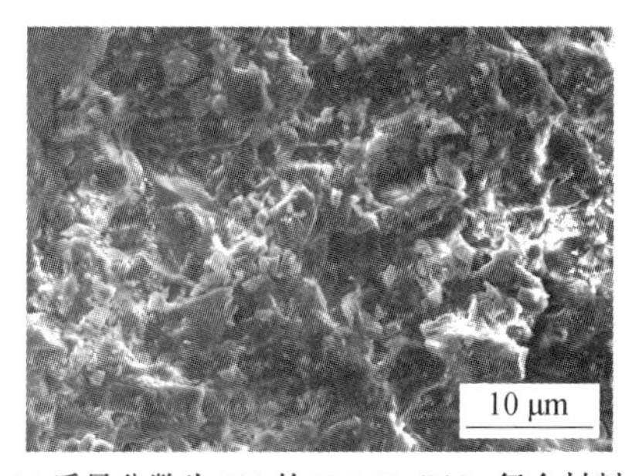

(b) 质量分数为 5% 的 BNNTs/SiO_2 复合材料

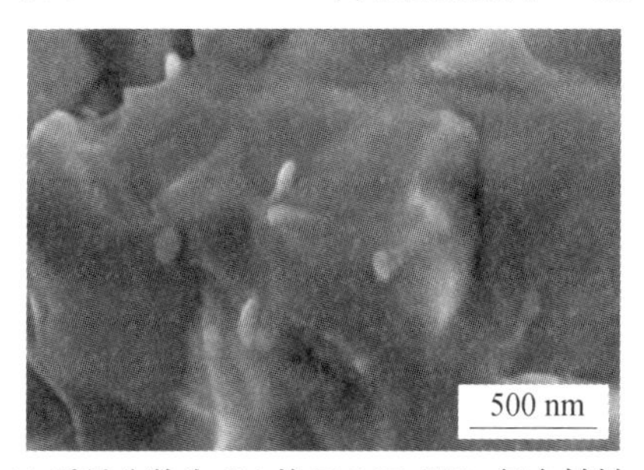

(c) 质量分数为 5% 的 BNNTs/SiO_2 复合材料

图 4.2 纯 SiO_2陶瓷和质量分数为 5% 的 BNNTs/SiO_2 复合材料的断口形貌扫描照片

且拔出的 BNNTs 长度较短,而 BNNTs 的绝大部分被保留在复合材料当中。因此推断,当载荷作用于复合材料时,BNNTs 在复合材料中发生断裂而不是完全从基体中拔出。

将纯 SiO_2 陶瓷和添加质量分数为 5% 的 BNNTs 的 SiO_2 复合材料进行表面抛光处理之后放入马弗炉,在空气气氛中 1 200 ℃热腐蚀 20 min,然后对其表面进行扫描电镜观察。从图 4.3 中可以看出,BNNTs 具有抑制晶粒尺寸长大的现象,晶粒尺寸大约为 20 μm。

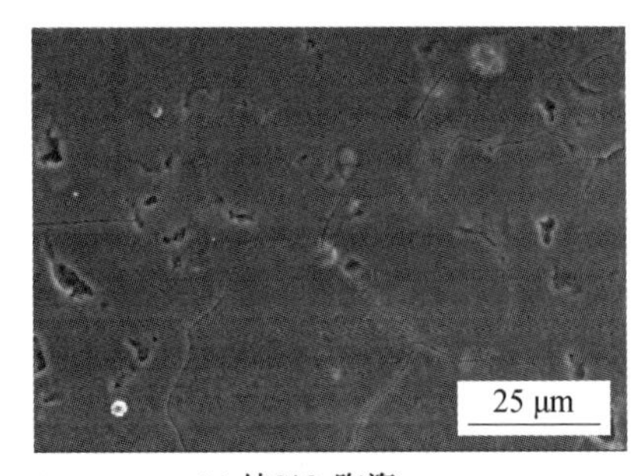

(a) 纯 SiO_2 陶瓷

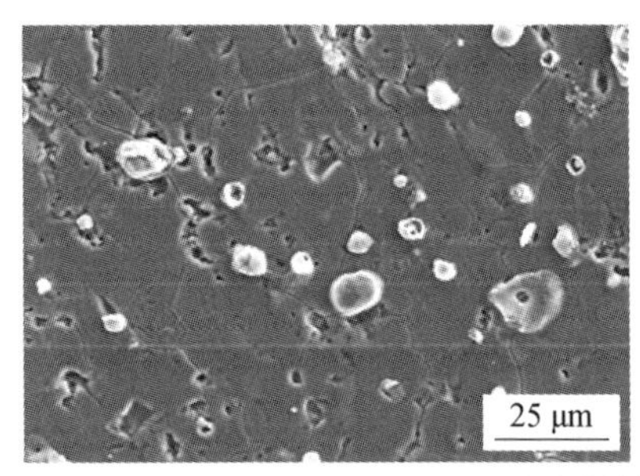

(b) 质量分数为5%的 BNNTs/SiO_2 复合材料

图 4.3　纯 SiO_2 陶瓷和质量分数为 5% 的 BNNTs/SiO_2 复合材料的表面热腐蚀扫描照片

图 4.4 为质量分数 5% 的 BNNTs 复合材料的高分辨透射电子显微镜(HRTEM)图片。HRTEM 技术可以帮助我们进一步了解 BNNTs 在复合材料中的分布状况。从图 4.4(a)中可以清楚地看到 BNNTs 的分布,通过测量和计算,可知晶格条纹尺寸为 0.34 nm,可以确定图中晶格图样为 BNNT 的(002)晶面。另外从图中还可以清楚地看到 BNNTs 与 SiO_2 基体结合紧密,界面没有明显的过渡层存在。此外,在图 4.4(c)中可以看到许多纳米尺寸的孔洞。这是因为在 BNNTs 制备过程中在管壁上产生一些缺陷,但是当 BNNTs 添加到 SiO_2 陶瓷中时,基体材料进入到这些孔洞中填补缺陷。当复合材料发生断裂时,可以形成一种典型的机械锁和结构[11],这种结构可以在一定程度上改善陶瓷基体的力学性能。

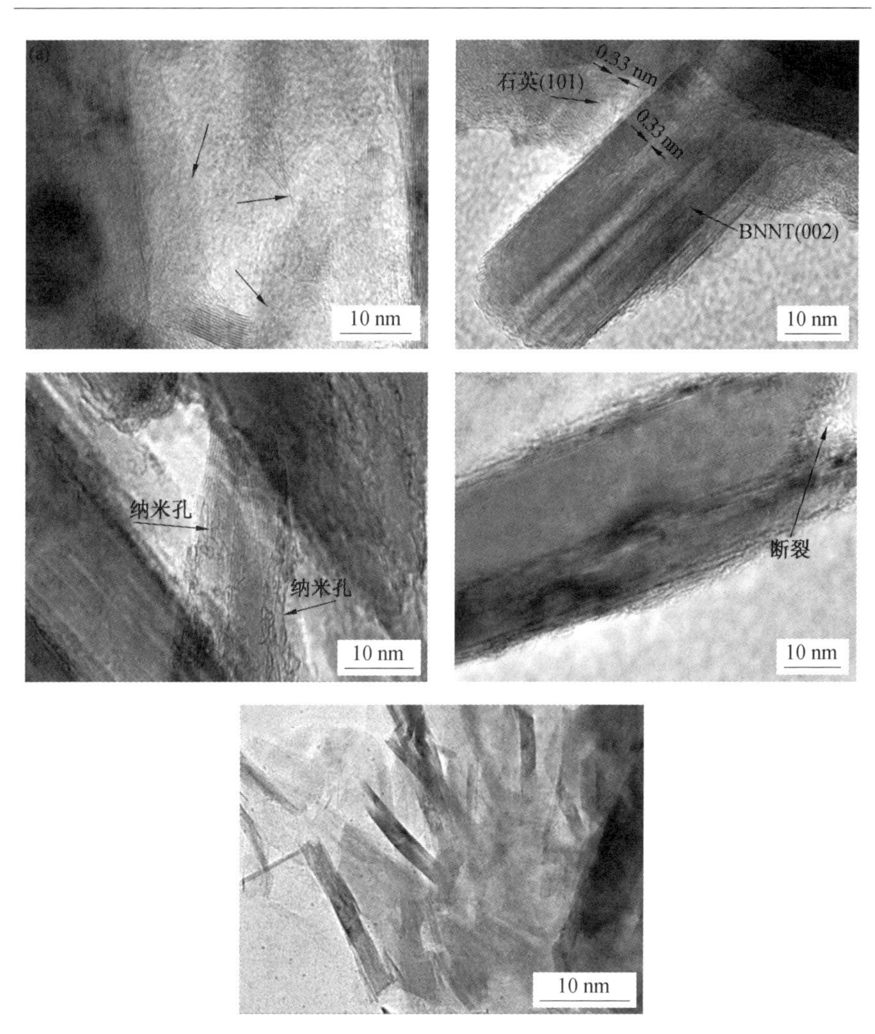

图4.4　质量分数为5%的BNNTs/SiO_2复合材料的HRTEM图

纳米管与基体材料的剪切强度可以由下式估算[12]：

$$\tau_i = \frac{\sigma_u d}{4l} \tag{4.1}$$

式中　τ_i—— 界面剪切强度；

σ_u ——BNNTs 的拉伸强度；

d ——BNNTs 的半径；

l ——BNNTs 的拔出长度。

在这里,取 σ_u =30 GPa。从图4.2(c)中可知,d 和 l 分别大约为40 nm 和175 nm。利用公式(4.1)估算 BNNTs 与 SiO_2 基体的剪切强度为2 GPa。很显然,由于一些不可避免的缺陷使 BNNTs 的拉伸强度肯定会低于理论值。另外,BNNTs 的半径以及拔出长度的估算同样存在误差,使计算结果会出现一定的偏差。但是,这个计算值仍可以反映出 BNNTs 和 SiO_2 基体之间具有较强的界面结合。从图4.4(d)中可以看到 BNNTs 发生了断裂。如前所述,BNNTs 的断裂可以消耗一部分断裂能,从而改善 SiO_2 陶瓷基体的力学性能。由于 BNNTs 又有均匀分散的特点,当 BNNTs 的质量分数为5%时,在复合材料中同样发生了 BNNTs 团聚现象,如图4.4(e)所示。

4.1.3 相对密度和力学性能分析

表4.1为添加不同质量分数的 BNNTs 后 SiO_2 陶瓷相对密度的变化。BNNTs 的理论密度为1.38 g·cm^{-3}[13]。从表中可以看到,随着 BNNTs 质量分数的增加,复合材料的相对密度逐渐降低。BNNTs 添加相被视为一种杂质,阻碍 SiO_2 陶瓷致密化进程。另外,添加相的团聚等现象同样会抑制复合材料的致密化。

表4.1 BNNTs/SiO_2 复合材料的相对密度

	BNNTs 的质量分数/%	相对密度/%
纯 SiO_2	—	97.5
BNNTs/SiO_2	1	95.2
	3	92.4
	5	90
	7	87

图4.5所示为 BNNTs/SiO_2 复合材料的断裂韧性和弯曲强度随着 BNNTs 的质量分数变化的曲线图。从图中可以看出,随着 BNNTs 质量分

数的增加,复合材料的弯曲强度和断裂韧性变化趋势是一致的。当 BNNTs 的质量分数为 5% 时,弯曲强度和断裂韧性达到最大值,分别为 120.5 MPa 和 1.21 $MPa \cdot m^{1/2}$,是纯 SiO_2 陶瓷的 231% 和 209% 。由于纳米管难以分散的特点,复合材料中纳米管的团聚现象迄今为止还是无法避免的。本实验中,同样发现了 BNNTs 的团聚现象。由于 BNNTs 的团聚,不能有效地承担载荷作用,因此会削弱其改善基体力学性能的作用。所以当 BNNTs 的质量分数为 7% 时,复合材料的力学性能有所降低。

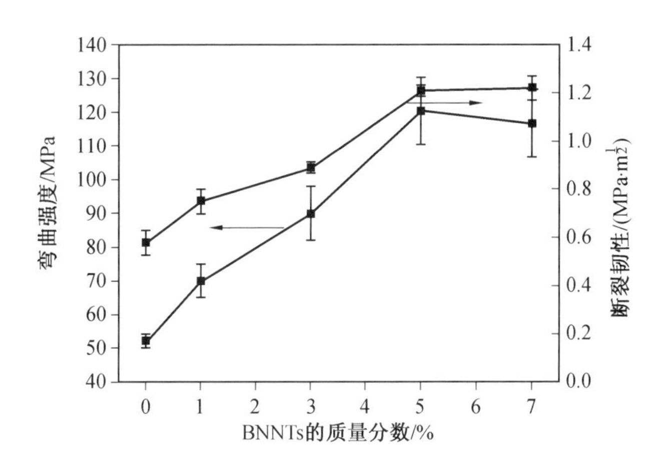

图 4.5 $BNNTs/SiO_2$ 复合材料的弯曲强度和断裂韧性随着 BNNTs 的质量分数变化的曲线图

4.1.4 介电性能

图 4.6 所示为纯 SiO_2陶瓷和质量分数为 5% 的 $BNNTs/SiO_2$复合材料,在测试频率为 27 ~ 30 GHz 时,介电常数的变化趋势。从图中可以看出,BNNTs 的添加使复合材料的介电性能得到了提升,并且在此测试频率内保持稳定,约为 4.1。纯 SiO_2 陶瓷的介电常数为 3.8 左右。

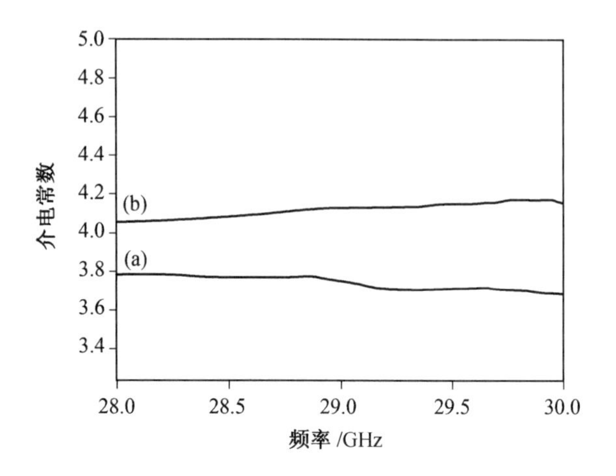

图4.6 纯 SiO_2 陶瓷和质量分数为5%的 BNNTs/SiO_2 复合材料的介电常数和测试频率之间的关系曲线

4.2 烧结温度对 BNNTs/SiO_2 复合材料的影响

在前面的研究中发现,当 BNNTs 的质量分数为 5%、烧结温度为 1 400 ℃时,制备得到的复合材料的弯曲强度和断裂韧性均是最高值。在本节中我们研究烧结温度对质量分数为 5% 的 BNNTs/SiO_2 复合材料物相组成、微观结构、力学性能和介电性能的影响。

4.2.1 物相组成与微观结构

图4.7是在不同烧结温度时质量分数为5%的 BNNTs/SiO_2 复合材料的 XRD 图谱。如前所述,由于 BN 和石英相的衍射峰重合,很难将 BN 相分辨出来。从图中可以看出,当烧结温度为1 200 ~ 1 300 ℃时,没有方石英相生成,但当烧结温度升高至 1 350 ℃时,方石英相开始出现,并且随着烧结温度的升高,含量逐渐提高。这表明在此材料体系中,石英相向方石英相的转变发生在 1 300 ~ 1 350 ℃之间。另外,除石英相以及方石英相之外,没有其他的相被检测到,这表明即使烧结温度增至 1 450 ℃, SiO_2 和 BNNTs 还是能够相对稳定地存在并且两者之间并未发生化学反应。

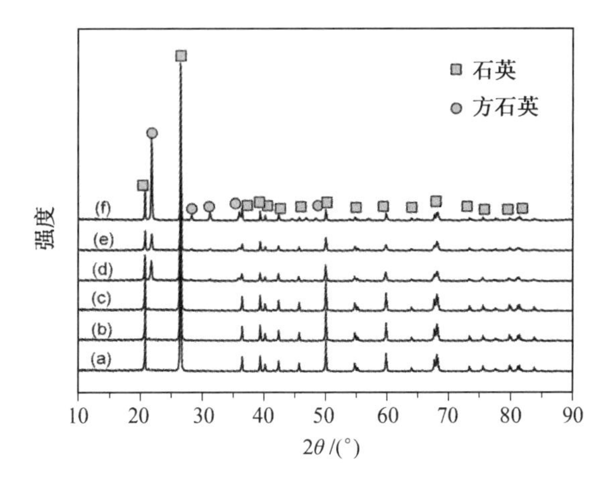

图 4.7 质量分数为 5% 的 BNNTs/SiO_2复合材料在不同温度烧结时的 XRD 图谱

(a)—1 200 ℃;(b)—1 250 ℃;(c)—1 300 ℃

(d)—1 350 ℃;(e)—1 400 ℃;(f)—1 450 ℃

图 4.8 所示为在不同的烧结温度下质量分数为 5% 的 BNNTs/SiO_2复合材料的断口扫描照片。从图 4.8(a) ~ (b) 中可以看出，当烧结温度为 1 300 ℃和 1 350 ℃时，在其断口表面上分布有较多的气孔。但是当烧结温度增加到 1 400 ℃时，如图 4.8(c)所示，气孔消失，并且断口形貌与较低温度时的断口形貌相比，更为粗糙。较大放大倍数的复合材料的断口形貌照片如图 4.8(d) 所示，从图中可以观察到 BNNTs 的拔出现象，但是拔出长度较短。图 4.8(e) ~4.8(f)分别是质量分数为 5% 的 BNNTs/SiO_2复合材料在 1 350 ℃和 1 400 ℃时，BNNTs 在复合材料中一种典型的分布方式。从中可以看出，当烧结温度较低时，复合材料中气孔较多，BNNTs 可以跨越在气孔的两端，而当烧结温度较高时，气孔率较小，BNNTs 的管壁可以完全地与基体材料相接触。为了清楚地观测到 BNNTs 在表面的分布状况，我们对复合材料的表面进行抛光处理并进行扫描电镜观测。可以看出，许多 BNNTs 的末端分布在表面上，如图 4.8(g) 中箭头所指的小斑点。在此部分区域同样观察到了 BNNTs 的团聚现象，如图 4.8(h)所示。

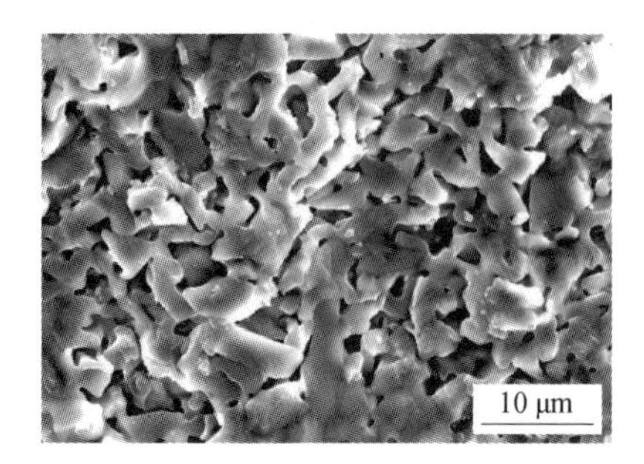

(a)1 300 ℃

(b)1 350 ℃

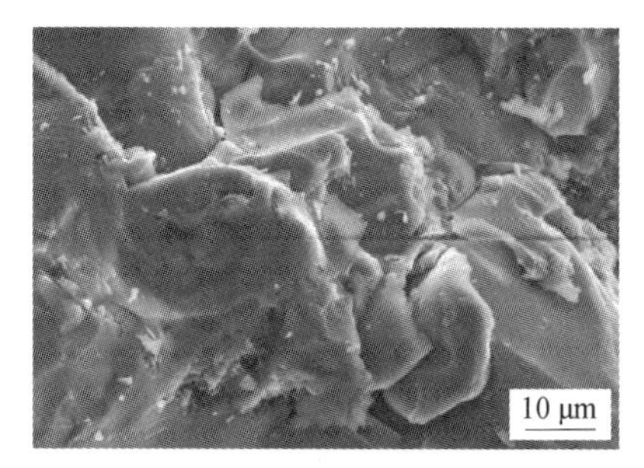

(c)1 400 ℃

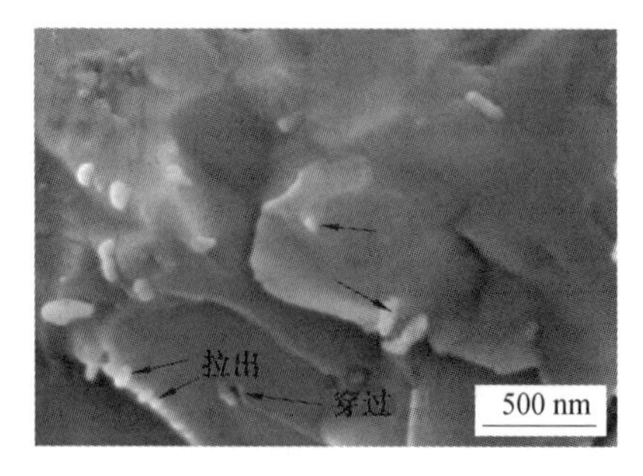

(d)1 400 ℃

(e)1 350 ℃

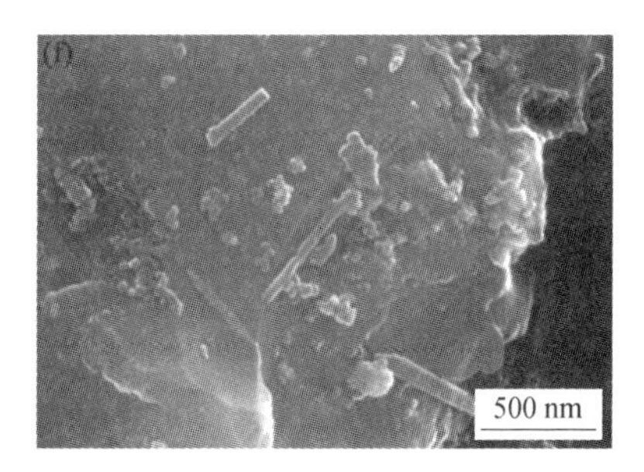

(f)1 400 ℃

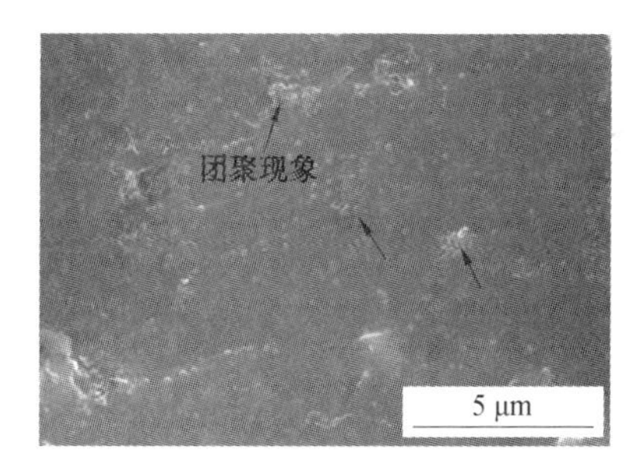

(g)1 400 ℃

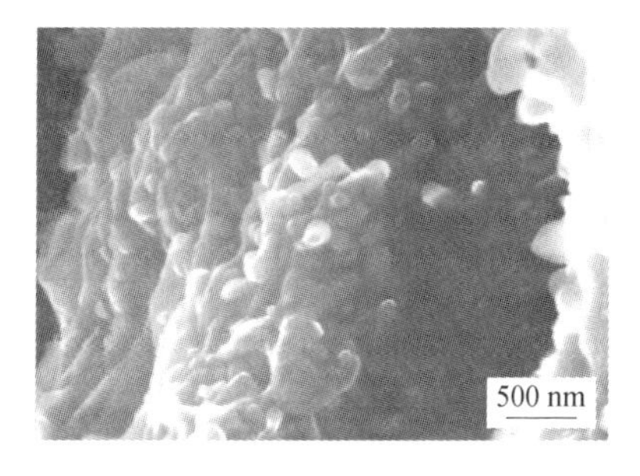

(h)1 400 ℃

图4.8 质量分数为5%的 BNNTs/SiO_2复合材料在不同的烧结温度时的断口扫描照片

图4.9所示是质量分数为5%的BNNTs/SiO_2复合材料的HRTEM照片。利用BN材料的(002)的晶面间距为0.34 nm,从图4.9(a)中可以分辨出BNNTs。另外,从XRD图谱中可以看出,当烧结温度较高时,有方石英相生成,在图4.8(b)中也观测到方石英相的一种典型的圆状形貌[14],这也更有利地证明了在此复合体系中,烧结温度的升高促进了方石英相的生成。

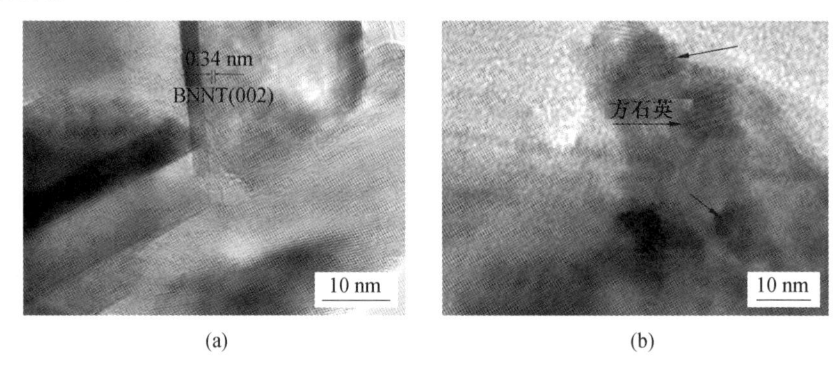

(a) (b)

图4.9 质量分数为5%的BNNTs/SiO_2复合材料在烧结温度为1 400 ℃时的HRTEM照片

4.2.2 相对密度和力学性能

图4.10所示是质量分数为5%的BNNTs/SiO_2复合材料的相对密度随着烧结温度变化的曲线。从图中可以看出,当烧结温度为1 200 ℃时,复合材料的相对密度只有70%,但当烧结温度升高到1 450 ℃时,相对密度可以达到97%,从中可以看出对这种复合材料而言,较高的烧结温度可以使复合材料更加致密。

图4.11是质量分数为5%的BNNTsSiO_2复合材料的弯曲强度和断裂韧性随着烧结温度变化的曲线图。从图中可以看出,复合材料的弯曲强度和断裂韧性均在烧结温度为1 400 ℃时达到最大值,并且随烧结温度升高的变化规律相同。当烧结温度低于1 300 ℃时,复合材料的力学性能随着烧结温度的升高而升高。此时,最大弯曲强度和断裂韧性分别为58 MPa和0.98 MPa·$m^{1/2}$。在此温度区间内,将复合材料的力学性能改善的原因

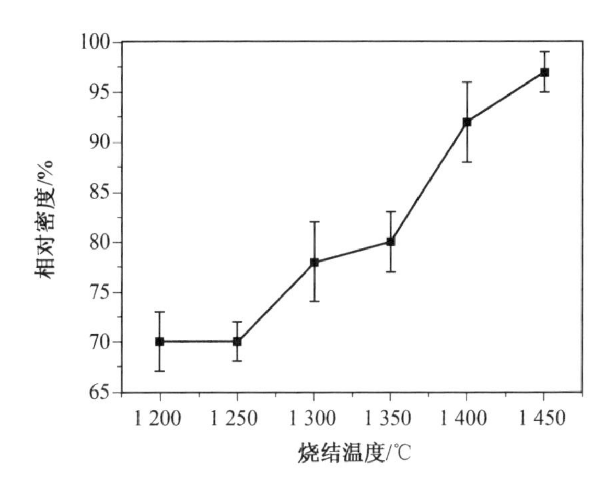

图4.10 质量分数为5%的 BNNTs/SiO_2复合材料的相对密度随着烧结温度变化的曲线

归结于烧结温度的升高促进了复合材料的致密化。但是,此时相对密度仅为78%。因此,进一步升高烧结温度可以更有效地改善其力学性能。当烧结温度升至1 350 ℃时,虽然相对密度可以达到80%,但是弯曲强度和断裂韧性反而降低。从 XRD 图谱可知,在烧结温度为1 350 ℃时,方石英开始出现。由于石英相向方石英相转变产生的体积效应使复合材料产生裂纹,这样会导致陶瓷力学性能的恶化,方石英相对复合材料力学性能的影响已经被许多文章所报道。值得注意的是,当复合材料的烧结温度升至1 400 ℃时,与1 350 ℃比,其弯曲强度和断裂韧性分别提高了250%和180%。其原因如下:

(1) 与烧结温度为1 350 ℃时相比,复合材料在烧结温度为1 400 ℃时,相对密度从80%升高至92%。从图中也可以看出,当烧结温度为1 400 ℃时,在其断口上很难观察到气孔的存在。另外,复合材料的力学性能和气孔之间的规律可表示[15]为

$$\sigma = \sigma_0 \exp(-k\alpha) \tag{4.2}$$

式中 σ——弯曲强度;

k——常数;一般为4-7;

σ_0——没有任何缺陷的复合材料的弯曲强度;

α——陶瓷中的气孔率。

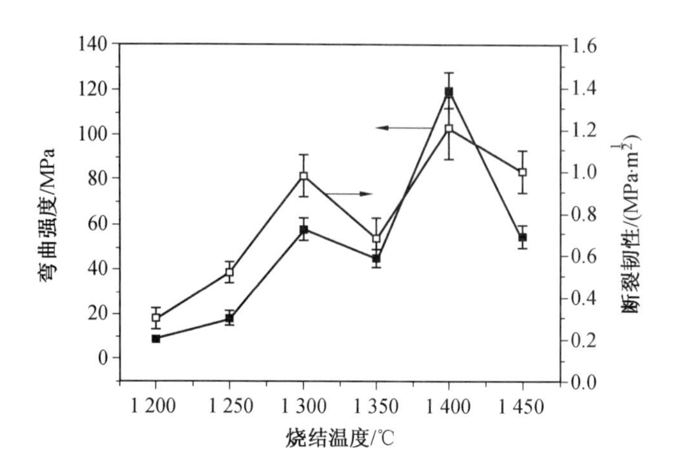

图4.11　质量分数为5%的BNNTs/SiO_2复合材料的弯曲强度和断裂韧性随着烧结温度变化的曲线图

从式(4.2)中可以看出,复合材料的弯曲强度随着气孔率的升高而降低。在实验中,尤其是在烧结温度为1 350 ℃和1 400 ℃时,复合材料力学性能与此规律相一致。

(2) BNNTs对致密陶瓷的补强增韧效果要强于对多孔陶瓷的效果。在前文的讨论中已经得知BNNTs可以通过拔出和桥联的作用改善复合材料的力学性能。从复合材料的HRTEM照片和XRD图谱中得知,在复合材料的界面处没有任何扩散层和反应产物的存在,因此可以认为这种强的界面结合来源于BNNTs和SiO_2的热膨胀系数和晶格常数的相似性。另外,界面结合强度是影响陶瓷力学性能的重要因素之一。就质量分数为5%的BNNTs/SiO_2复合材料而言,与多孔材料相比,BNNTs在致密的复合材料中可以与基体产生更多的接触面积。为了更好地解释BNNTs在多孔材料中的作用,我们运用示意图4.12进行解释。从图中可以清楚地看出,与多孔材料相比,BNNTs与致密材料的接触面积相对较大。在对复合材料进行FESEM观测时,也观察到了相似的现象,从图4.8(e)中可以看出,一根BNNT跨越在一个气孔的两侧,并且大多数管壁并没有与基体相接处。而从图4.8(f)中看出,整根BNNTs与基体材料完全相接触。在许多文献中已经描述过,充足的界面结合能够有效地改善陶瓷的弯曲强度和断裂韧性。因此,在质量分数为5%的BNNTs/SiO_2复合材料中,更多的界面结合面积是增强陶瓷力学性能的重要原因之一。

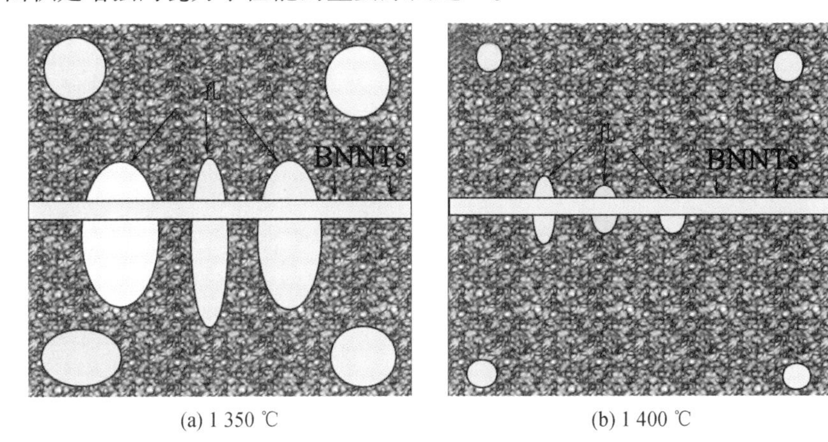

图4.12 质量分数为5%的BNNTs/SiO_2复合材料在1 350 ℃和1 400 ℃温度烧结时的BNNTs补强增韧示意图

(3) 提高烧结温度将促进方石英相的生成,方石英相产生的体积效应可以导致力学性能的减弱,这种现象是升高烧结温度所不可避免的。但是从XRD图谱中可以看出,即使升高温度方石英相衍射峰强度的变化却不是很明显。换言之,当烧结温度从1 350 ℃升高至1 400 ℃时,方石英相的增加对陶瓷力学性能的减弱作用是有限的。

因此认为,升高烧结温度所带来的致密度的增加和BNNTs补强增韧效率的增加,对复合材料力学性能的改善作用明显大于由于烧结温度升高导致的方石英相对复合材料力学性能的削弱作用。

但当烧结温度升高至1 450 ℃时,虽然复合材料的相对密度增加至97%,但是其力学性能却有所降低。从XRD图谱可知,当烧结温度为1 450 ℃时,方石英相的衍射峰强度几乎是1 400 ℃时的3倍,所以大量的方石英相的存在导致了复合材料的力学性能急剧下降。

4.2.3 介电常数分析

图4.13所示为当BNNTs的质量分数为5%时,SiO_2复合材料分别在

1 300～1 400 ℃烧结时,其介电常数随测试频率的变化曲线。从图中可以看出,随着烧结温度升高,介电常数逐渐升高。石英相、方石英相、BNNTs和气孔构成了复杂的材料体系,它们之间的关系如下式[16],即

$$\varepsilon = V_1\varepsilon_1 + V_2\varepsilon_2 + \cdots + V_n\varepsilon_n \tag{4.3}$$

式中 ε—— 复合材料的介电常数;

$V_1, V_2, \cdots, V_n$—— 物相 1 ～ n 的体积分数;

$\varepsilon_1, \varepsilon_2, \cdots, \varepsilon_n$—— 物相 1 ～ n 的介电常数。

复合材料的介电常数可以用式(4.3) 加以推算。另外,复合材料的介电常数与其密度的关系可以表示[17] 为

$$\log \varepsilon_{\mathrm{p}} = (1 - p) \log \varepsilon_0 \tag{4.4}$$

式中 p—— 复合材料的气孔率;

$1 - p$—— 复合材料的相对密度;

$\varepsilon_{\mathrm{p}}, \varepsilon_0$ ——含有气孔和完全致密的复合材料的介电常数。

从式(4.4)中可知,复合材料的介电常数随着气孔率的上升而下降,这与我们的实验结果是相一致的。较高的烧结温度使复合材料的致密度上升从而使复合材料的介电常数随之上升。

石英相、方石英相、BNNTs 和气孔的介电常数分别为 4,4,5.9 和 4.1。因此运用公式计算得出致密的质量分数为 5% 的 BNNTs /SiO_2复合材料的介电常数为4.1。那么,复合材料分别在1 300 ℃,1 350 ℃和1 400 ℃烧结时的理论介电常数为 3.2,3.3 和 3.7,所有的这些理论数据比在试验中测试得到的结果相对偏低。另外,许多其他的因素也可以影响复合材料的介电性能,比如界面相、测试频率、相的结晶程度等,都会不同程度地影响复合材料的介电常数。

从图 4.13 中还可以观察到另外一条规律,当测试频率在 27～30 GHz 时,介电常数在这个频率段中是相对稳定的。有报道称,当测试频率高于 10^5 Hz 之后,SiO_2 陶瓷的介电常数将会趋于稳定。在本书的实验当中,测试频率远高于 10^5Hz。基于这个理论,在此测试频率范围内,离子松弛极化对介电常数的影响逐渐减弱,最终使介电常数趋于稳定[18]。

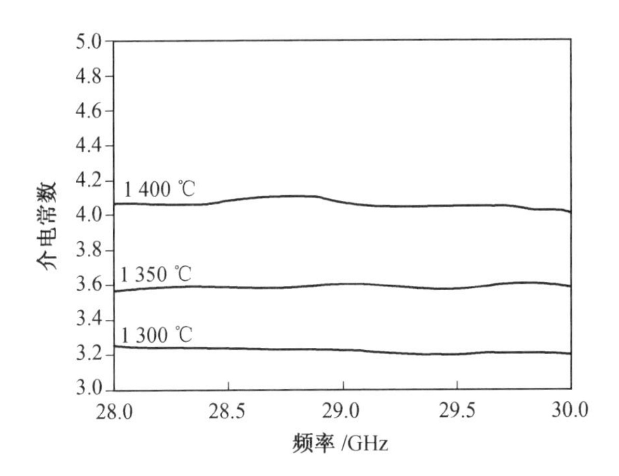

图4.13 质量分数为5%的 BNNTs/SiO_2复合材料在烧结温度为1 300 ℃,1 350 ℃和1 400 ℃时,介电常数随测试频率的变化曲线

4.3 $SiO_2-Al_2O_3$-BNNTs 复合材料

在成功制备 BNNTs/SiO_2复合材料的基础上,采用 BNNTs 和 Al_2O_3同时作为补强增韧相,运用热压烧结的工艺在1 350 ℃制备了 $SiO_2-Al_2O_3$-BNNTs (S-A-BNNTs)复合材料,并测试了该复合材料的弯曲强度和断裂韧性。同时,利用 XRD、FESEM 等分析测试手段对复合材料的物相和微观结构进行了分析,最后探讨了 Al_2O_3和 BNNTs 对 SiO_2陶瓷的联合补强增韧机理。

4.3.1 实验方法

两种纯度均为99%的 SiO_2粉体作为此材料体系的初始原料:一种是平均粒径为20 μm 的微米级 SiO_2,简称 μ-SiO_2;另一种是粒径约为20 nm 的纳米级 SiO_2,简称 n-SiO_2。另外添加相 Al_2O_3的粒径约为30 nm。在本章中所研究的复合材料的配比见表4.2。

表 4.2 复合材料的配比

混合粉体	实验原料(质量分数)			
	μ-SiO_2/%	n-SiO_2/%	Al_2O_3/%	BNNTs/%
SiO_2	85	15	—	—
S-5%(质量分数)BNNTs	80	15	—	5
S-10%(质量分数)A	75	15	10	—
S-A-5%(质量分数)BNNTs	70	15	10	5

图4.14展示的是初始原料质量分数配比为70% μ-SiO_2+ 15% n-SiO_2+10% Al_2O_3+ 5% BNNTs的扫描电镜照片,从中可以看出Al_2O_3和BNNTs均匀分散与SiO_2基体当中。具体的复合材料的制备过程如下:

(1)混料。

分别称取适量的BNNTs、SiO_2粉体和Al_2O_3粉体,在行星球磨机上进行湿磨,分散介质为100 mL的无水乙醇,在转速为300 r/min条件下混料12 h。

图4.14 初始混合粉体的扫描电镜照片

(2) 干燥。

将混合后的浆料放入干燥箱内,在干燥温度为120 ℃下干燥2 h,然后过200目筛,将粒度均匀的混合粉料转入石墨模具中准备热压烧结。

(3)烧结。

将装有混合粉料的石墨模具置于多功能热压烧结炉中。炉内温度从室温到 1 100 ℃之间的升温速度为 20 ℃/min,1 100 ~ 1 350 ℃时为 25 ℃/min,当烧结温度达到 1 350 ℃时,同时对混合粉料加 25 MPa 压力直至保温结束。然后在 1 350 ℃下保温 1 h,最后随炉冷却至室温。整个的烧结过程均在氩气保护气氛下完成。

4.3.2 物相组成和微观形貌分析

图 4.15 所示是纯 SiO_2陶瓷和 S-A-BNNTs 复合材料在 1 350 ℃烧结后的 XRD 图谱。从图中可以看出,除了石英相、方石英相和刚玉相之外没有观察到其他物相,这说明在复合材料的制备过程中没有发生任何化学反应。另外较强的衍射峰强度说明在无定形的 SiO_2粉体已经在烧结温度为 1 350 ℃下转变成有序的晶相。另外,从图 4.15(a)和 4.15(b)的比较中可以看出,S-A-BNNTs 复合材料中石英相的衍射峰强度明显高于纯 SiO_2中石英相的强度,而方石英的强度则相反。因此可以认为,Al_2O_3和 BNNTs 的加入在一定程度上抑制了石英相向方石英相的转变。

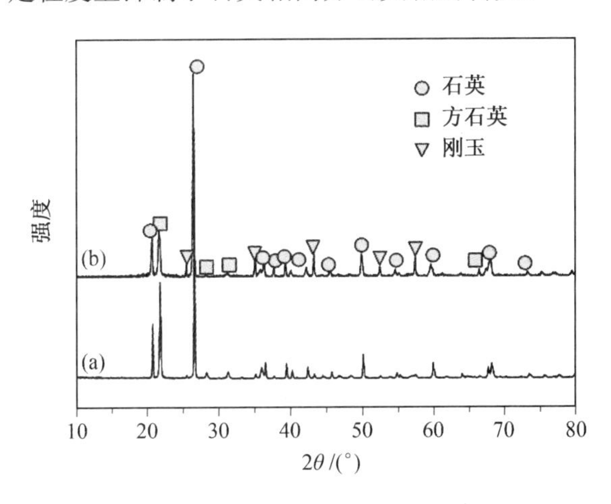

图 4.15　纯 SiO_2陶瓷和 S-A-BNNTs 复合材料在 1 350 ℃烧结后的 XRD 图谱

图 4.16 所示是纯 SiO_2陶瓷和 S-A-BNNTs 复合材料的断口扫描照片。从图 4.16(a)中可以观察到由于 SiO_2陶瓷本身的黏性烧结的方式,其断口处表现出波浪状形貌,并且由于 SiO_2陶瓷本身难以致密化的特点,在图 4.16(a)中也观测到了少量气孔,如图 4.16(b)箭头所指。值得注意的是,

当基体材料中加入 Al_2O_3 和 BNNTs 后，其断口形貌发生了明显的变化。从低倍的扫描电镜图片中可以看到大量的 BNNTs 的拔出和不同于基体材料的波浪状形貌的刚玉相，如图 4.16(b)所示。图 4.16(c)和图 4.16(d)是高倍的扫描电镜图片，从中可以更直观地观测到纳米管的拔出和桥联，这两种纳米管的存在方式是典型的纳米管增韧[19]机理。另外，在对纳米材料作为增韧相的研究当中，纳米材料的分散已经成为一个公认的难点，本实验中也观测到了 BNNTs 的团聚现象，如图 4.16(e)所示。

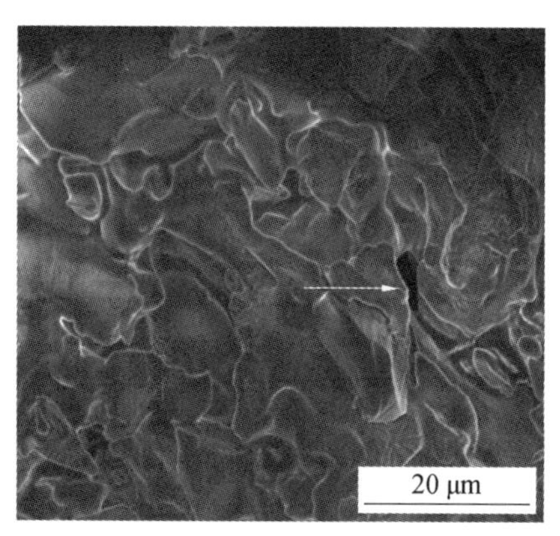

(a)纯 SiO_2 陶瓷

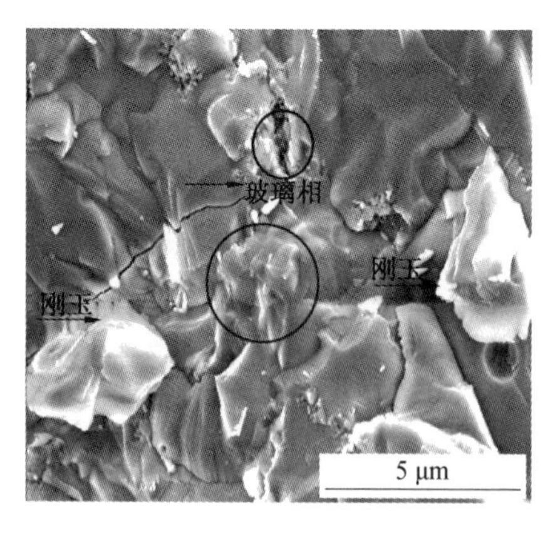

(b)S-A-BNNTs 复合材料

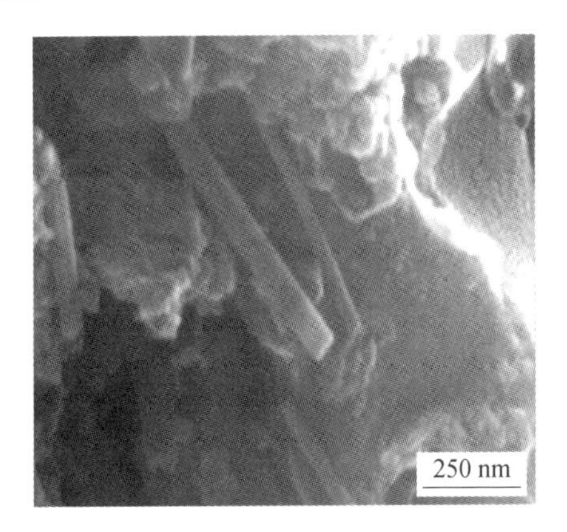

(c)S-A-BNNTs 复合材料

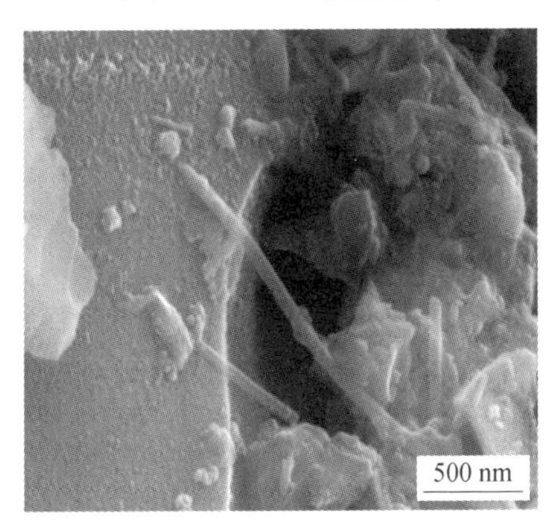

(d)S-A-BNNTs 复合材料

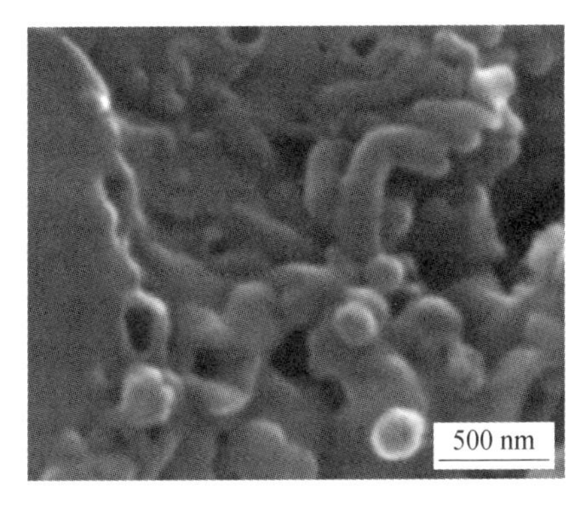

(e)S-A-BNNTs 复合材料

图4.16　纯 SiO_2陶瓷和 S-A-BNNTs 复合材料的断口扫描照片

表4.3为SiO_2复合材料中分别添加Al_2O_3和BNNTs,和同时添加这两种材料对SiO_2陶瓷力学性能的影响。从表4.3中可以看出,当单独添加Al_2O_3或者BNNTs时,它们均可以有效地提高基体力学性能,但是当两种材料同时添加到基体中时,SiO_2陶瓷力学性能的改善更为明显。与纯SiO_2陶瓷相比,S-A-BNNTs复合材料的弯曲强度和断裂韧性分别提高了379.1%和239.7%。

表4.3 SiO_2复合材料的弯曲强度与断裂韧性

	弯曲强度/MPa	断裂韧性/(MPa·$m^{1/2}$)
SiO_2	27.3±1	0.58±0.1
S-5%(质量分数)BNNTs	44.2±2	0.68±0.1
S-10%(质量分数)A	50.6±6	0.86±0.1
S-A-5%(质量分数)BNNTs	103.5±10	1.39±0.1

因此将Al_2O_3改善SiO_2陶瓷的力学性能的原因概括为以下几点:

(1)因为Al_2O_3本身优异的力学性能,当复合材料发生断裂时,Al_2O_3可以承担更多的断裂能,从而提高了基体的弯曲强度。

(2)少量的Al_2O_3可以通过阻止裂纹的传播、消耗裂纹传播的能量等方式,起到改善SiO_2断裂韧性的作用。

(3)当Al_2O_3作为补强增韧相和BNNTs同时添加到基体中时,由于BN表面存在少量B_2O_3,B_2O_3-Al_2O_3-SiO_2会形成一种玻璃系统[20],在高温下通过晶格扩散的方式在界面处形成一定量玻璃相。图4.17是图4.16(b)中的所标注的玻璃相的放大图,我们运用EDX技术分析了其元素组成并将原子比例列于图中。这种界面结合方式的变化会在一定程度上对SiO_2性能的改善起到一定的作用。但是,由于所添加的Al_2O_3和BNNTs的质量分数的限制以及它们在基体材料中的均匀分散的困难性,这种玻璃相的质量分数很低,因此其在改善复合材料力学性能方面的作用也是有限的。

BNNTs是一种具有很高弹性模量和抗拉强度的强韧化材料,具有比

SiO_2基体更为优异的力学性能,因此当添加到脆性的 SiO_2 基体中时会起到一定的补强增韧作用,并且通过在陶瓷基体断裂过程中纳米管的拔出与桥联作用改善对 SiO_2 基体的力学性能。从图 4.16(b)~图(d)中可清楚地观察到 BNNTs 的拔出和桥联作用。因此可以相信 S-A-BNNTs 材料体系中,BNNTs 同样是通过这两种方式改善复合材料的力学性能。

图 4.17　S-A-BNNTs 复合材料的断口扫描照片以及其 EDX 图谱

4.4 小　结

BNNTs 的添加对 SiO_2复合材料的性能产生了巨大的影响,尤其是在改善其力学性能方面。随着 BNNTs 的添加量的增大,SiO_2的相对密度下降,同时 BNNTs 分布在 SiO_2的晶界位置起到了良好的抑制晶粒尺寸长大的作用。当 BNNTs 的质量分数为 5% 时,BNNTs/SiO_2 的弯曲强度为 120.5 MPa,相比纯 SiO_2 提高了 231%,断裂韧性为 1.2 $MPa \cdot m^{1/2}$,比纯 SiO_2提高了 209%。此力学性能的改善归因于添加相与基体之间较强的界面结合以及增韧相的拔出和桥联作用。通过研究烧结温度对 BNNTs/SiO_2 复合材料的影响发现,质量分数为 5% 的 BNNTs/SiO_2复合材料的力学性能和介电常数随烧结温度的变化非常明显。当 Al_2O_3 和 BNNTs 同时作为补强增韧相添加到 SiO_2 基体中时,S-A-BNNTs 复合材料的弯曲强度和断裂韧性提高最大,分别提高了 379.1% 和 239.7%。

参考文献

[1] 关振铎, 张中太, 焦金生. 无机材料物理性能 [M]. 北京: 清华大学出版社, 1992.

[2] 王永刚, 王永强, 徐刚,等. 熔融石英陶瓷的研究及应用进展 [J]. 材料导报, 2009, (3): 44-47.

[3] JIA D C, ZHOU Y. Effect of fiber content on properties of a short carbon fiber reinforced fused silica matrix composite [J]. Journal of Advanced Materials, 2006, 38(3): 21-26.

[4] NING J W, ZHANG J J, PAN Y B, et al. Fabrication and mechanical properties of SiO_2 matrix composites reinforced by carbon nanotube [J]. Materials Science and Engineering A, 2003, 357(1-2): 392-396.

[5] YAO J J, LI B S, HUANG X X. Mechanical properties and its toughening mechanisms of SiO_2-Si_3N_4composite [J]. Journal of Inorganic Materials, 1997, 12(1): 47-53.

[6]郭景坤, 马利泰, 茅志琼. 碳纤维/石英复合材料中石英玻璃的析晶 [J]. 材料科学进展, 1990, (2):188-192.

[7] JIA D C, ZHOU Y, LEI T C. Ambient and elevated temperature mechanical properties of hot-pressed fused silica matrix composite [J]. Journal of the European Ceramic Society, 2003, 23(5): 801-808.

[8] 温广斌,雷廷权,周玉. 石英玻璃基复合材料的研究进展 [J]. 材料工程, 2002, (1):40-43.

[9]崔唐茵. 石英陶瓷天线罩表面封孔防潮涂层的研究 [J]. 陶瓷, 2010, (8): 32-34.

[10] NING J W, ZHANG J J, PAN Y B, et al. Surfactants assisted processing of carbon nanotube-reinforced SiO_2 matrix composites [J], Ceramics International, 2004, 30(1): 63-67.

[11] YAMAMOTO G, OMORI M, HASHIDA T, et al. A novel structure for carbon nanotube reinforced alumina composites with improved mechanical properties [J]. Nanotechnology, 2008, 19(31): 315708 (7pp).

[12] WANG L, SHI J L, GAO J H, et al. Influence of a piezoelectric secondary phase on thermal shock resistance of alumina-matrix ceramics [J]. Journal of the American Ceramic Society, 2002, 85(3): 718-720.

[13] ZHI C Y, BANDO Y, TANG C C, et al. Specific heat capacity and density of boron nitride nanotubes by chemical vapor deposition [J]. Solid State Communication, 2011, 151(2): 183-186.

[14] JIA D C, ZHOU L Z, YANG Z H, et al. Effect of proforming process and starting fused SiO_2 particle size on microstructure and mechanical properties of pressurelessly sintered BN_P/SiO_2 ceramic composites [J]. Journal of the American Ceramic Society, 2011, 94(10): 3552-3560.

[15] WANG W M, FU Z Y, WANG H, et al. Influence of hot pressing sintering temperature and time on microstructure and mechanical properties of TiB_2 ceramics [J]. Journal of the European Ceramic Society, 2002, 22(7): 1045-1049.

[16] LI X M, ZHANG L T, YIN X W, et al. Mechanical and dielectric properties of porous Si_3N_4 - SiC(BN) ceramic [J]. Journal of Alloys Compounds, 2010, 490(1-2): L40-L43.

[17] XIA Y F, ZENG Y P, JIANG D L. Dielectric and mechanical properties of porous Si_3N_4 ceramics prepared via low temperature sintering [J]. Ceramics International, 2009, 35(4): 1699-1703.

[18] DU H L, LI Y, CAO C B. Effect of temperature on dielectric properties of Si_3N_4/SiO_2 composite and silica ceramic [J]. Journal of Alloys and

Compounds, 2010, 503(1):L9-L13.

[19] XIA Z, RIESTER L, CURTIN W A, et al. Direct observation of toughening mechanisms in carbon nanotube ceramic matrix composites [J]. Acta Materialia, 2004, 52(4):931-944.

[20] HOU Z X, WANG S H, XUE Z, et al. Crystallization and microstructural characterization of B_2O_3 - Al_2O_3 - SiO_2 glass [J]. Journal of Non-Crystalline Solids, 2010, 356(4-5):201-207.

第5章　氮化硼纳米管/氮化硅复合材料

在氮化硅(Si_3N_4)结构中,氮原子和硅原子的化学键非常强,因此Si_3N_4陶瓷具有诸多的优点,如耐磨、高硬度、高强度、耐化学腐蚀和非常好的高温稳定性能等。所以,Si_3N_4陶瓷具有非常广泛的用途。Si_3N_4是重要的刀具材料、模具材料和轴承材料,同时,Si_3N_4还是电容器和雷达天线中经常使用的陶瓷材料[1]。

Si_3N_4有两种晶型:α-Si_3N_4和β-Si_3N_4,这两种晶型都属于六方晶系,单位晶胞常数在 a 轴方向接近,分别为0.774 8 nm和0.760 8 nm;在 c 轴方向,α 型大约是 β 型的2倍,分别为0.561 7 nm和0.291 0 nm。Si_3N_4晶体的基本构造单元是 Si—N 键形成的 SiN_4四面体。α-Si_3N_4和β-Si_3N_4都可看作 SiN_4四面体通过三维网络共顶角连接而形成的。β-Si_3N_4是硅、氮原子层以 ABAB…沿 c 轴方向形成的,而α-Si_3N_4是硅、氮原子层以 ABCD-ABCD…沿 c 轴方向形成的[2]。

Si_3N_4是强共价键化合物,其扩散系数、致密化所需要的体积扩散系数及晶界扩散速度、烧结驱动力都很小,这决定了 Si_3N_4不能靠常规的固相烧结达到致密化。因此,除了反应烧结之外,其他的烧结方式都需要加入一定的烧结助剂,并与其表面的 SiO_2反应形成液相,通过溶解-析出机制达到致密化。目前,关于 Si_3N_4陶瓷常用的烧结方式包括反应烧结、常压烧结、热压烧结、气压烧结、热等静压烧结等方式。

尽管 Si_3N_4陶瓷与其他的陶瓷材料相比,强度和韧性都比较高,但是,Si_3N_4依然具有陶瓷材料共有的缺点——脆性大。因此,如何改善 Si_3N_4陶瓷的韧性,提高其稳定性,依然是陶瓷材料研究的热点之一。目前常见的Si_3N_4陶瓷的增韧途径主要有颗粒增韧、晶须和纤维增韧、ZrO_2相变增韧和柱状β-Si_3N_4自增韧。随着 CNTs 在其他陶瓷材料中增韧效果的体现,对于 CNTs/Si_3N_4复合材料的相关报道在逐渐增加。Pasupuleti 等人通过添加质量分数为1%的 CNTs 热压烧结制备 CNTs/Si_3N_4复合材料，与相同条件下烧结的纯 Si_3N_4相比，断裂韧性从4.8 MPa · $m^{\frac{1}{2}}$提高到6.6 MPa · $m^{\frac{1}{2}}$[3]。研究表明，加入 CNTs 后，促进了更多针状晶粒的出现，使复合材料韧性提高。Corral 等人在1 600 ℃下利用放电等离子烧结，不保温情况下烧结的体积分数为2.0%的 SWNT/Si_3N_4复合材料，断裂韧性从5.27 MPa · $m^{\frac{1}{2}}$提高到8.48 MPa · $m^{1/2}$[4]。关于 BNNTs 对于 Si_3N_4陶瓷的强韧化作用，除了 Huang 等人报道的 BNNTs 对于改善 Si_3N_4陶瓷高温超塑性的影响之外，再无关于 BNNTs/Si_3N_4复合材料的相关报道[5]。

本实验采用 BNNTs 作为增强相，选用 Si_3N_4作为起始原料，Y_2O_3和 Al_2O_3作为烧结助剂，通过热压烧结的方式制备复合材料，并对其进行了相关性能的研究。

5.1　BNNTs/Si_3N_4复合材料(Ⅰ)

5.1.1　实验材料

Si_3N_4为合肥摩科新材料科技有限公司生产的 Si_3N_4 P 系列，具体参数见表5.1。

表5.1　Si_3N_4原料性能参数

元素	Si_3N_4 P 的质量分数/%	
	典型	最大/最小
Si_3N_4	99.6	
Fe	0.04	0.03～0.06
Al	0.05	0.03～0.08
Ca	0.01	< 0.02
卤化物	< 0.002	< 0.002
C	0.2	< 0.5

续表 5.1

元素	Si_3N_4 P 的质量分数/%	
	典型	最大/最小
O	0.7~1.5	0.7~1.5
N	38.5	>38
α-Si_3N_4	93	90-95
BET/($m^2 \cdot g^{-1}$)	低(L) 6~8 中(M) 8~10 高(H) >10	6~12
D_{50}/μm	0.4~1.0	0.4~1.0

5.1.2 实验方法

(1) 原料配比设计:研究不同 BNNTs 添加量对 Si_3N_4陶瓷性能的影响,称取含有不同质量分数的 BNNTs (0,0.5%,1.0%,1.5%,2.0%)的复合粉料,同时称取质量分数分别为 4 % 和 6 % 的 Y_2O_3和 Al_2O_3作为烧结助剂。

(2) 混料:将称量的混合粉料放入树脂球磨罐中,使用氧化锆研磨球,加入适量无水乙醇湿磨 10 h,转速为 300 r/min。

(3) 干燥:将湿磨 10 h 的混合粉料放入干燥箱,在 120 ℃干燥 8 h。

(4) 筛料:将干燥后的混合粉料过 100 目标准筛。

(5) 装模:通过计算,称取适量的粉料装入 ϕ42 mm 的石墨模具中。

(6) 烧结制度:将模具放入真空热压烧结炉中,抽真空(<50 Pa),进行热压烧结,烧结温度为 1 750 ℃,升温速率为 20 ℃/min,烧结压力为 40 MPa,保温 1 h,保温结束后随炉冷却。

(7) 试样处理:将烧结出的样品进行磨削、切削等相关的机械加工和处理,进行相关性能的测试。

5.1.3 BNNTs/Si_3N_4复合材料的设计

分析 BNNTs/Al_2O_3复合材料,陶瓷基复合材料的设计应当遵循弹性模量匹配、热膨胀系数匹配、化学成分匹配、界面结合强度适当等原则。对于BNNTs/Al_2O_3复合材料,前面的分析表明其符合复合材料的设计原则。同时,相应的实验结果也证明了 BNNTs 作为增强相,符合复合材料的设计准则,具备对陶瓷材料的强韧化作用。

对于 BNNTs/Si_3N_4复合材料而言,也基本符合复合材料的设计原则。

(1)弹性模量的匹配。

相关的报道均证明了 BNNTs 具有较高的弹性模量和拉伸强度,弹性模量约为1 TPa,拉伸强度达到了 30 GPa[6]。因此,选用 BNNTs 作为增强体,弹性模量比 Si_3N_4基体的要大得多,完全符合该原则。

(2)热膨胀系数的匹配。

目前,研究报道普遍认为结晶良好,并且完全同轴的 CNTs 的热膨胀系数趋于0[7]。由于 BNNTs 与 CNTs 结构的相似性,利用 CNTs 的相关实验数据对 BNNTs 的热膨胀系数进行分析,也可以认为 BNNTs 的热膨胀系数为0,而 Si_3N_4热膨胀系数约为3.0×10^{-6}/℃[8]。与前面关于 Al_2O_3复合材料的分析类似,在轴向方向上,与复合材料设计准则略有相悖,但是其不匹配并没有造成材料性能明显的降低。对于径向方向,BNNTs 的热膨胀系数小于基体的,完全符合复合材料的设计原则。

(3)化学成分匹配。

该原则要求增强体和基体化学稳定性好,各组分之间没有明显的化学反应、溶解和严重的互扩散。BNNTs 和 Si_3N_4化学稳定性都比较好,发生强烈化学反应的可能性非常小。

(4)界面的结合强度适当。

由于 BNNTs 的弹性模量比 Si_3N_4基体的弹性模量大很多,所以不论强或者弱的界面结合都能够产生较好的增韧作用。一般情况下 Si_3N_4表面都有微量的 SiO_2层,能够与 BNNTs 形成一定的化学结合,达到良好的界面结合状态,起到增韧的目的。

5.1.4 BNNTs/Si_3N_4复合材料的烧结

由于Si_3N_4不能靠常规的固相烧结达到致密化。因此,热压烧结需要加入一定的烧结助剂与其表面的SiO_2反应形成液相,通过溶解-析出机制达到致密化[8,9]。Si_3N_4的液相烧结过程中主要存在着三个阶段:

(1)晶粒重排阶段。

液相形成后,在毛细管压力作用下进行晶粒重排。液相的含量、表面张力、黏度以及液相与晶粒之间的作用都对晶粒的重排产生较大的影响。

(2)溶解-扩散-再沉淀阶段。

固体晶粒的一部分溶解于液相,伴随着物质传递的过程,发生溶解-再沉淀。其中还包含着中间产物的形成、相变的发生、固溶体的形成和晶界相的产生等一系列的物理化学反应。

(3)晶粒生长阶段。

晶粒发育长大并伴随气孔的排出。

通常采用α-Si_3N_4粉体,加入一定的烧结助剂,包括MgO,Y_2O_3,Al_2O_3其中的一种或多种,进行热压烧结Si_3N_4陶瓷[8,9]。加入的这些氧化物烧结助剂与Si_3N_4表面的SiO_2氧化膜反应,在较低的温度下生成低共熔点的硅酸盐或者M-Si-O-N(M为金属离子或原子)液相。产生的液相润湿Si_3N_4颗粒,并填充于颗粒之间。借助表面张力的作用,发生颗粒的重排。此时,坯体发生收缩,致密度提高,气孔率下降。随着温度升高,液相黏度下降,α-Si_3N_4颗粒溶解于液相中,当达到过饱和浓度时,析出β-Si_3N_4晶粒,即溶解-沉淀过程中发生α→β的相变。随着相变的进行,球状的β-Si_3N_4晶粒逐渐长成柱状晶粒,晶粒重排会受到一定的阻碍,收缩速率减小。随温度的进一步升高,气孔通过β-Si_3N_4晶粒形状的调整而减少、消失,而材料通过溶解-沉淀进一步致密化。相变过程是等轴状的α-Si_3N_4溶解,最终析出长柱状β-Si_3N_4的过程。这种长柱状β-Si_3N_4会产生与晶须类似的效果,从而增加裂纹扩展的阻力,对于提高Si_3N_4陶瓷的韧性是非常有利的。

因此,α→β 的相变过程对于热压烧结 Si_3N_4陶瓷影响巨大。

在冷却过程中,液相以非晶态玻璃保留,成为晶界玻璃相。这些玻璃相与 β-Si_3N_4晶粒结合,在 β 柱状晶粒长大过程中形成相互交织的结构,从而使材料具有高的强度和断裂韧性。热压烧结的 Si_3N_4陶瓷性能变化范围非常宽,其力学性能主要取决于其显微结构的两个特征:长柱状 β-Si_3N_4的晶粒尺寸与均匀性。

5.1.5 BNNTs/Si_3N_4复合材料的力学性能

表5.2 为烧结温度为 1 750 ℃,保温时间为 1 h 时,制备的 BNNTs/Si_3N_4复合材料的相关性能。

表 5.2 BNNTs/Si_3N_4复合材料的相对密度和力学性能

BNNTs 的质量分数/%	相对密度/%	抗弯强度 σ_f /MPa	断裂韧性 K_{IC} /(MPa · $m^{1/2}$)	弹性模量 E /GPa
0	98.7	1 012.8 ± 33.9	6.9 ± 0.1	300
0.5	97.3	706.7 ± 26.2	9.7 ± 0.5	296
1.0	96.7	795.0 ± 19.5	8.2 ± 1.0	278
1.5	95.5	699.0 ± 32.3	9.8 ± 0.8	283
2.0	94.0	802.3 ± 80.7	9.3 ± 0.9	285

(1)致密度。

从表5.2 可以看出,BNNTs/Si_3N_4复合材料的致密度均随着 BNNTs 的加入而降低。由于 BNNTs 属于纳米材料,具有易团聚的特点,尽管通过添加无水乙醇作为分散介质,BNNTs 在 Si_3N_4粉体中的分散效果得到了一定的改善,但过多地添加同样会造成分散困难,BNNTs 在一定程度上会影响烧结中 Si_3N_4的传质过程,阻碍了 Si_3N_4的烧结致密化,从而使复合材料的致密度有所下降。

(2)弯曲强度。

BNNTs 的添加导致了 Si_3N_4陶瓷弯曲强度的下降,见表 5.2。随着 BNNTs 加入量的增加,复合材料的弯曲强度在 700 ~ 800 MPa 附近波动,与纯Si_3N_4陶瓷的1 012.8 MPa相比有一定程度的降低,但强度仍然较高。烧结温度为1 750 ℃时,纯Si_3N_4致密度达到98.7%,弯曲强度较高;添加BNNTs之后,随着β-Si_3N_4长径比的提高,Si_3N_4复合材料的弯曲强度略有下降,在700~800 MPa附近波动。

(3)断裂韧性。

与BNNTs对复合材料弯曲强度的影响恰恰相反,BNNTs的添加使相同条件下烧结的Si_3N_4复合材料的断裂韧性明显提高。1 750 ℃的烧结温度时,在柱状β-Si_3N_4的发育和BNNTs的协同韧化作用下,复合材料的断裂韧性非常高。当BNNTs的质量分数为0.5%和1.5%时,断裂韧性分别达到了9.7 MPa·$m^{1/2}$和9.8 MPa·$m^{1/2}$,同比提高了约40%。

(4)弹性模量。

随着BNNTs的加入,复合材料致密度下降,气孔率增加。对于球形封闭气孔,弹性模量与气孔率满足下面的关系式,即

$$E = E_0(1 - 1.9p + 0.9p^2) \tag{5.1}$$

式中 E_0——材料完全致密时的弹性模量;

p——气孔率。

由此可见,在致密度较高的结构陶瓷材料中,气孔率小幅提高将造成材料弹性模量的下降。

5.1.6 BNNTs/Si_3N_4复合材料的物相及微观形貌

图5.1为BNNTs/Si_3N_4复合材料的XRD图谱。XRD图谱显示温度为1 750 ℃时烧结的复合材料主晶相均为β-Si_3N_4,衍射峰尖锐,衍射强度较高,说明晶粒发育较好。同时,没有出现α-Si_3N_4的特征峰,说明BNNTs的加入对α-Si_3N_4向β-Si_3N_4的转变没有抑制作用。

图5.2为BNNTs/Si_3N_4复合材料的断口SEM图。从图中可以看出,添加BNNTs后,导致BNNTs/Si_3N_4复合材料的断裂方式从沿晶断裂向穿晶断裂转变。同时,与纯Si_3N_4陶瓷相比,还能观察到BNNTs/Si_3N_4复合材料中的气孔略有增加,与相对密度的测试结果一致。并且在添加了BNNTs

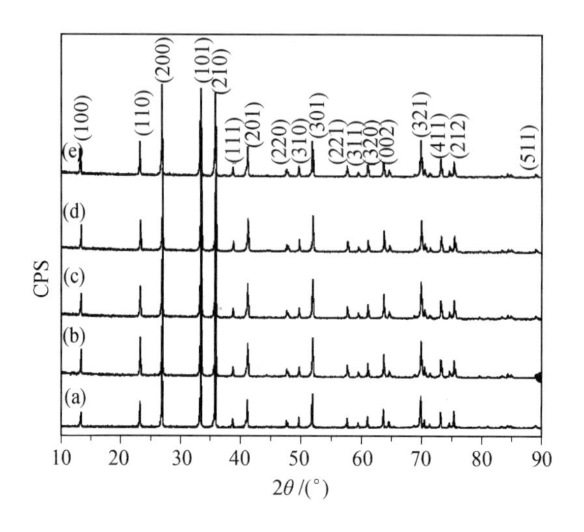

图5.1 BNNTs/Si_3N_4 复合材料的 XRD 图谱,添加 BNNTs 的质量分数分别为(a)0%,(b)0.5%,(c)1.0%,(d)1.5%,(e)2.0%

之后,同样观察到晶粒长大的趋势。从图5.2(a)中可以观察到,纯 Si_3N_4 陶瓷以等轴晶为主。然而加入 BNNTs 之后,能够提供更多的形核位置和发育空间,促进柱状 β-Si_3N_4发育,如图5.2(b)~(e)所示。柱状 β-Si_3N_4 长径比的提高能使断裂韧性达到最高,但不一定能使强度最高[10]。因此,Si_3N_4陶瓷由于 BNNTs 与柱状 β-Si_3N_4的协同韧化作用,断裂韧性得到了明显的提高,强度维持在一个相对较高的水平,但并未达到最大值。

(a)质量分数为0.0%

(b)质量分数为0.5%

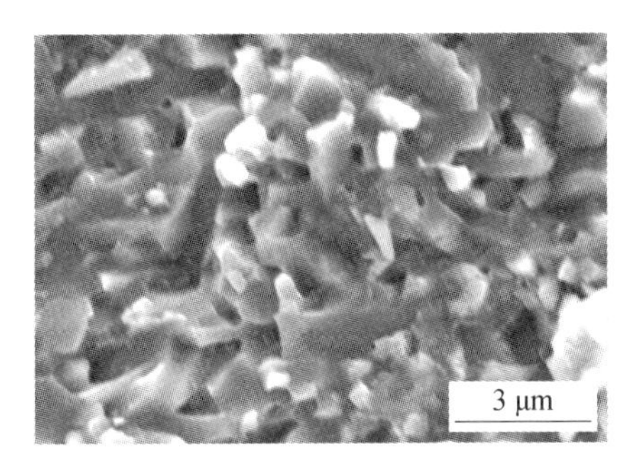

(c)质量分数为1.0%

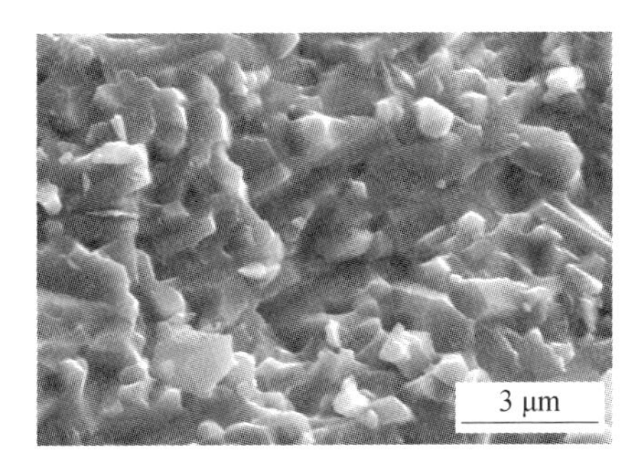

(d)质量分数为1.5%

(e)质量分数为2.0%

图5.2 BNNTs/Si_3N_4复合材料断口SEM图,添加BNNTs的质量分数分别为(a)0%,(b)0.5%,(c)1.0%,(d)1.5%,(e)2.0%

在本实验制备的BNNTs/Si_3N_4复合材料中,BNNTs除了为柱状β-Si_3N_4提供形核位置和发育空间之外,自身也会产生一定的强韧化作用。在裂纹扩展的过程中,BNNTs被拉伸、拉紧。随着裂纹的进一步扩展,与裂纹扩展方向平行的BNNTs发生与基体的剥离;而那些与裂纹扩展方向垂直或者成一定角度的BNNTs将会起到桥联的作用,直到达到其临界应力而发生断裂,或者达到与基体结合强度的极限发生拔出现象。图5.3为BNNTs/Si_3N_4复合材料的高倍断口形貌图。在烧结体内部,BNNTs沿着晶粒的形状分布在晶界上、插入晶粒内部,如图5.3(a)和5.3(b)所示。从图5.3(c)中可以观察到BNNTs在断口处的长度比较短,说明二者的界面结合比较强。并且在图5.3(d)中可以观察到BNNTs断口处管径出现明显的缩小。BNNTs在断裂之前承担基体传递的部分载荷,并在达到其临界应变后发生了断裂,消耗能量。而添加BNNTs同样影响了陶瓷的致密化,在基体内部产生了部分气孔和缺陷,如图5.3(e)所示。

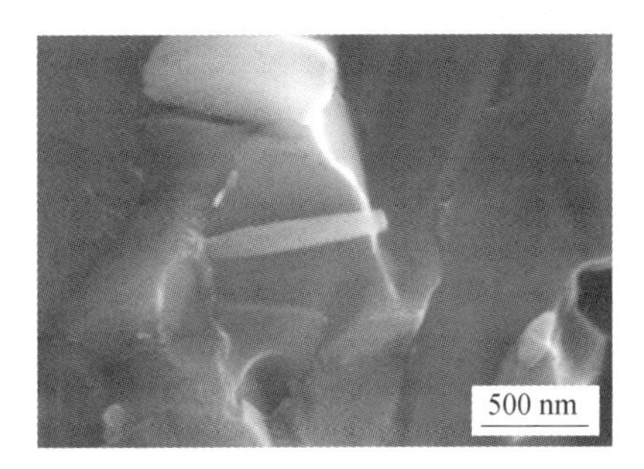

(a)质量分数为0.5%

(b)质量分数为1.0%

(c)质量分数为1.5%

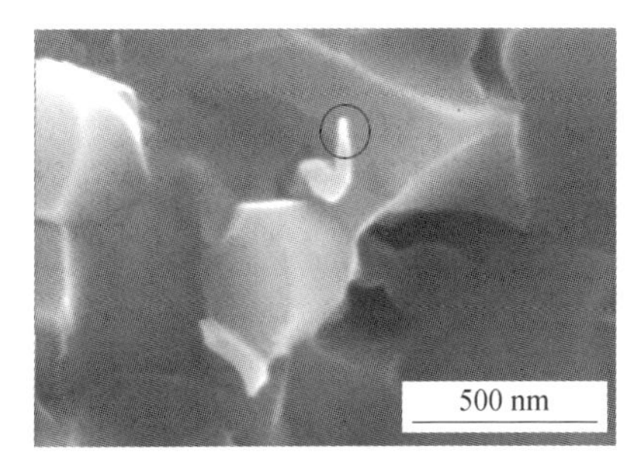

(d)质量分数为1.5%

(e)质量分数为2.0%

图5.3 BNNTs/Si_3N_4复合材料的断口形貌

BNNTs对改善陶瓷材料的强韧化效果除了与自身的性能息息相关,同时还取决于二者之间良好的物理化学性质的匹配和适当的界面结合。为了进一步分析BNNTs与Si_3N_4的界面结合情况,对其进行HRTEM分析。图5.4为1 750 ℃烧结的BNNTs/Si_3N_4复合材料的HRTEM图。从图中可以清楚地看到基体内部的BNNTs的晶格条纹,如图5.4(a)所示。同时,从图5.4(b)中可以看出,BNNTs与Si_3N_4的界面结合紧密,没有明显的过渡层。适当的界面结合可以有效地发挥BNNTs优良的力学性能,能够在材料破坏过程中起到阻止裂纹扩展、承担载荷、吸收能量的作用,从而提高材料的相关性能。

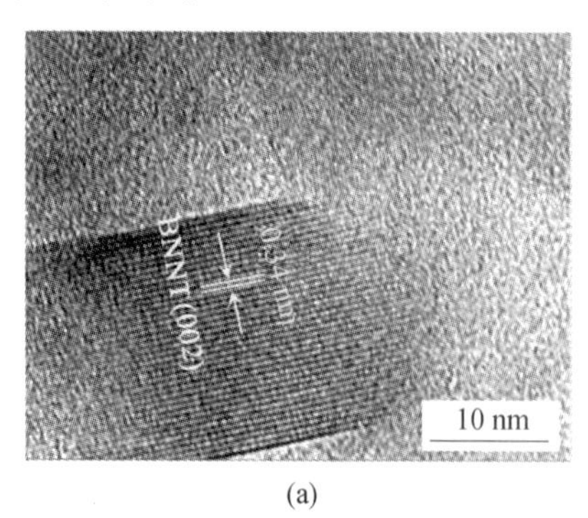

(a)

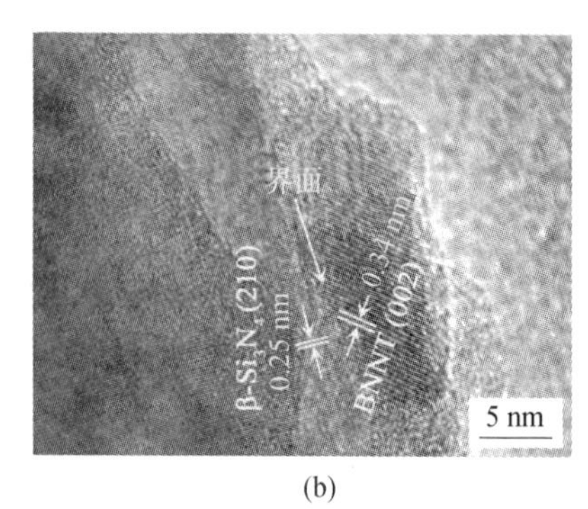

(b)

图5.4 BNNTs/Si_3N_4复合材料的HRTEM图

5.2 BNNTs/Si_3N_4复合材料(II)

5.2.1 实验设计

本部分主要介绍多孔 BNNTs/Si_3N_4复合材料。以 Al_2O_3和 Y_2O_3为烧结助剂,烧结助剂 Al_2O_3和 Y_2O_3的配比为6∶4,共占原料质量的10%。添加 BNNTs 作为第二增强相,实验设计见表 5.3。本实验采用的烧结助剂(Al_2O_3和 Y_2O_3)共占原料质量的10%(总量不变),变量为作为增强相的 BNNTs 和基本原料 Si_3N_4;选择 BNNTs 的质量分数分别为0%,0.5%,1%,2%,5%的五个组分点,相应的氮化硅的质量分数依次减少。采用无压烧结工艺,在氮气保护下高温烧结 BNNTs/Si_3N_4复合材料。

表 5.3 实验设计

编号	Si_3N_4质量分数/%	Al_2O_3质量分数/%	Y_2O_3质量分数/%	BNNTs 质量分数/%
EA_0	90	6	4	0
EA_1	89.5	6	4	0.5
EA_2	89	6	4	1
EA_3	88	6	4	2
EA_4	85	6	4	5

烧结前的工艺过程包括以下几个步骤:

(1)按实验设计的配比称取原料,其中 BNNTs 的分散是关键步骤。具体为用电子天平称取一定的 BNNTs 粉体,倒入配制好的质量分数为1%的十二烷基磺酸钠乙醇溶液中,超声分散1 h。

(2)以无水乙醇为介质在树脂球磨罐中球磨8 h,100 ℃温度下干燥24 h,过200目筛。

(3)加黏结剂造粒,干压成型,干燥12 h。

(4)700 ℃预烧结去除有机物等。

(5)在气氛炉中以10 ℃/min 升温至设定温度,高温烧结即制得产品。

烧结温度设定为两个烧结温度点:1 450 ℃和1 550 ℃,保温2 h。然后对制备好的试样进行磨平、切削加工,加工成测试所需要的样品大小。

本实验研究BNNTs的质量分数对材料微观结构、气孔率、常温力学性能、及耐高温弯曲等性能的影响,对比分析不同烧结温度其性能的变化。

5.2.2 BNNTs的质量分数对BNNTs/Si_3N_4复合材料性能的影响

添加不同的质量分数的增强相BNNTs制备得到的复合材料微观结构,进而影响材料的弯曲强度、断裂韧性、高温弯曲和抗热震性能等。BNNTs和晶须增韧类似,少量添加即可很大程度上改变材料的性能。但是BNNTs和纳米粉体材料一样,也具有易团聚的特点,随着比表面积增加,表面的原子及基团浓度急剧增加,粒子之间的氢键及其他化学键相互作用,因此极易团聚在一起。由于BNNTs分散得不均匀,材料的性能测试变化也很大,通过选择合适的分散剂降低微粒表面张力,改善表面的润湿性,进行表面改性来提高BNNTs的分散性就很关键。

本实验对每组材料体系选取2个烧结温度:1 450 ℃和1 550 ℃,试样的强度、韧性和气孔率测试数据见表5.4。

表5.4 试样的强度、韧性和气孔率值

编号	1 450 ℃		
	弯曲强度/MPa	断裂韧性/(MPa·$m^{1/2}$)	气孔率/%
EA_0	95.44 ± 3.6	1.87 ± 0.06	44.1
EA_1	114.35 ± 15.7	1.88 ± 0.04	44.7
EA_2	115.79 ± 14.4	2.14 ± 0.12	41.4
EA_3	117.19 ± 13.9	3.28 ± 0.19	43.9
EA_4	79.77 ± 6.9	1.25 ± 0.08	48.6

续表 5.4

1 550 ℃			
编号	弯曲强度 /MPa	断裂韧性 /(MPa · $m^{1/2}$)	气孔率/%
EA_0	227.18 ± 8.2	2.07 ± 0.09	38.2
EA_1	236.18 ± 14.1	3.16 ± 0.16	37.5
EA_2	276.03 ± 37.7	3.29 ± 0.23	36.7
EA_3	216.55 ± 17.1	3.34 ± 0.65	36.4
EA_4	163.24 ± 8.0	2.59 ± 0.11	40.4

图5.5为1 450 ℃,1 550 ℃温度时烧结BNNTs/Si_3N_4复合材料的气孔率随BNNTs的质量分数的变化曲线图。在两个烧结温度点,材料的气孔率都是呈先下降后上升的趋势,但是气孔率大小变化不大。添加质量分数为1%的BNNTs粉体在1 450 ℃和1 550 ℃烧结制备的试样气孔率值分别为41.4%和36.7%,其相对于不加BNNTs的复合材料气孔率稍微降低,但是添加质量分数为5%的BNNTs粉体时BNNTs/Si_3N_4复合材料的气孔率则分别升高至48.6%和40.4%。由于BNNTs具有易团聚的特点,虽然利用十二烷基磺酸钠分散剂对其做了分散处理,BNNTs在Si_3N_4粉体中的分散效果得到了一定程度的改善;但是当添加量增加到5%(质量分数)时,由于相对溶剂的不足,分散变得困难,并且会阻碍粉体颗粒的传质迁移,使烧结致密度降低,所以添加量很大时材料的气孔率又稍微地升高。

图5.6为不同质量分数的BNNTs在1 550 ℃温度下烧结保温2 h制备的BNNTs/Si_3N_4复合材料的XRD图谱。从图中可见,试样EA_0,EA_1和EA_2主要物相组成都是α-Si_3N_4,并有少量的β-Si_3N_4存在。添加BNNTs的EA_1和EA_2组可以检测到BN的存在。Pasupuleti等人在对CNTs/Si_3N_4复合材料的研究中发现,CNTs能够为β-Si_3N_4的生长提供形核位置,不仅可以促进柱状晶的生长,且可获得更细化的晶粒[3]。本实验在添加BNNTs后,β-Si_3N_4相的质量分数增加,原因是BNNTs为β-Si_3N_4的形核及发育提

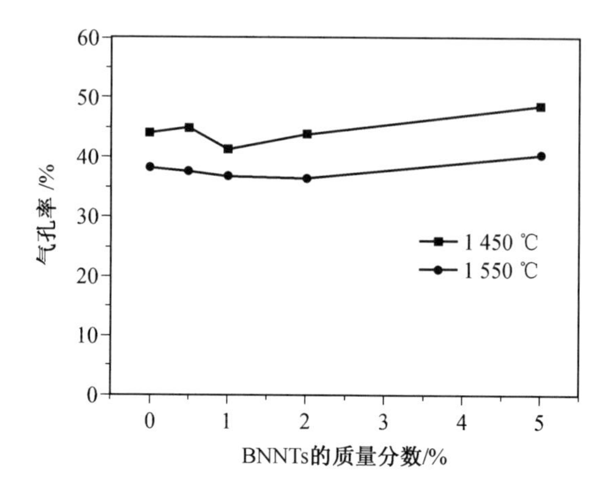

图5.5 BNNTs/Si_3N_4复合材料的气孔率随BNNTs的质量分数的变化曲线图

供了空间。

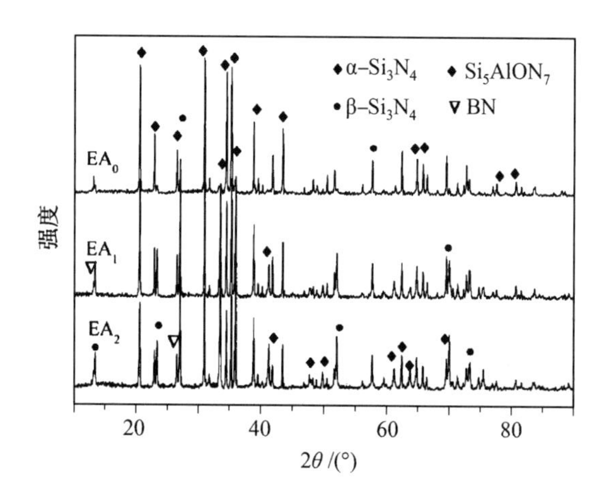

图5.6 BNNTs/Si_3N_4复合材料随BNNTs的质量分数的变化的XRD图谱

图5.7为在1 550 ℃温度下烧结保温2 h制备的不同质量分数的BNNTs/Si_3N_4复合材料断口的SEM图。从图5.7(a),5.7(c),5.7(e)可见,试样EA_0,EA_1和EA_2的气孔分布均匀,且多为一些1~3 μm的不规则小孔;晶粒仍以等轴晶为主,晶粒大小均匀,没有异常长大的晶粒;由于复合相的增加,从图5.7(c)可见有一些晶粒结合在了一起,降低了气孔率。

从图5.7(b)、5.7(d)、5.7(f)可见,BNNTs插入晶体内部,连接两个晶粒,在裂纹扩展的过程中,与裂纹扩展方向平行的 BNNTs 与基体剥离,与裂纹扩展呈一定角度的 BNNTs 起到桥联作用;由于 BNNTs 具有很高的弹性模量和拉伸强度,在试样断裂之前,BNNTs 可以通过拔出、桥联作用承担部分载荷,消耗部分能量,阻止裂纹的扩展,达到补强增韧的效果。图 5.7(f)中 BNNTs 与基体结合紧密,适当的界面结合同样有利于 BNNTs 的增韧作用。

(a) EA_0

(b) EA_0

(c) EA_1

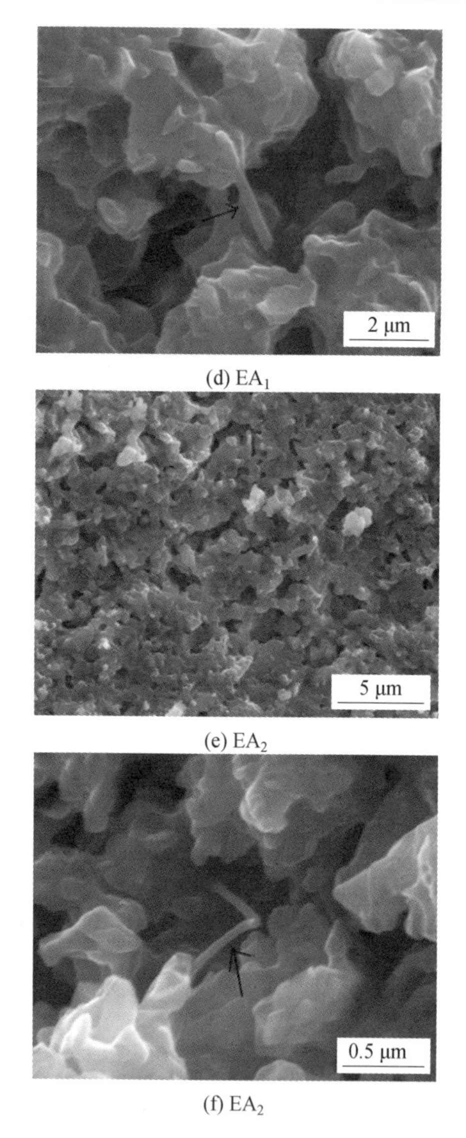

(d) EA_1

(e) EA_2

(f) EA_2

图5.7　1 550 ℃烧结BNNTs-Si_3N_4复合材料断口的SEM图

图5.8、5.9分别为不同温度烧结BNNTs/Si_3N_4复合材料的弯曲强度和断裂韧性随BNNTs的质量分数的变化曲线图。随着BNNTs的质量分数的增加，复合材料的强度和韧性都呈先提高后降低的趋势；质量分数为1%BNNTs的BNNTs/Si_3N_4复合材料的弯曲强度值最高，但质量分数为

2% BNNTs 的 BNNTs/Si_3N_4 复合材料的断裂韧性值最高。例如烧结温度为 1 550 ℃时,EA_2的弯曲强度最高(276.03 MPa),相比于不添加 BNNTs 的 EA_0(弯曲强度为 227.18 MPa)提高了约 25%;但是断裂韧性最高的试样是 EA_3(断裂韧性为 3.34 MPa · $m^{1/2}$),相比于 EA_0(断裂韧性为 2.07 MPa · $m^{1/2}$)提高了约 38%。同时,表现最高弯曲强度的试样(质量分数为 1% BNNTs)同样具有很高的断裂韧性,为 3.29 MPa · $m^{1/2}$。弯曲强度和断裂韧性最大值没有出现在同一个试样中,可能是由于 BNNTs 在材料中的分散不均匀造成的。一方面,做弯曲测试的每根试样条本身 BNNTs 分布及分布数量不同,造成力学性能的差别不一样,如 EA_2试样的标准差最大,达到 37.7 MPa,说明了试样测试的不稳定性;另一方面,试样采用单边切口梁法测试试样的断裂韧性,其切口的位置、大小对测量值影响很大,在切口位置尤其是裂纹扩展的位置,BNNTs 的分散效果将直接影响断裂韧性的测量值,如表现最大断裂韧性值的 EA_3试样,方差也最大为 0.65 MPa · $m^{1/2}$。

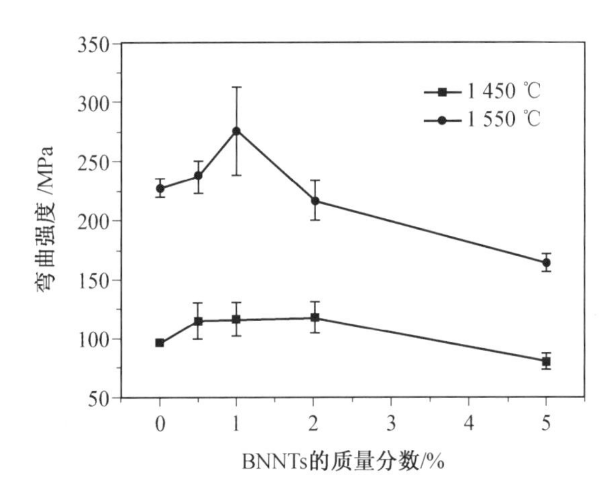

图 5.8 BNNTs/Si_3N_4复合材料的弯曲强度随 BNNTs 的质量分数的变化曲线图

对材料施加外作用力,产生裂纹,裂纹扩展直至断裂。裂纹扩展的临界条件是弹性应变能等于裂纹扩展单位面积所需的断裂能。由于 BNNTs 具有比基体大很多的弹性模量和拉伸强度,少量 BNNTs 的加入,分散性相对较好,在裂纹扩展的过程中,可以通过裂纹偏转、桥联、拔出及断裂作用消耗能量,相当于增加裂纹扩展所需的断裂能,进而起到对材料强度补强

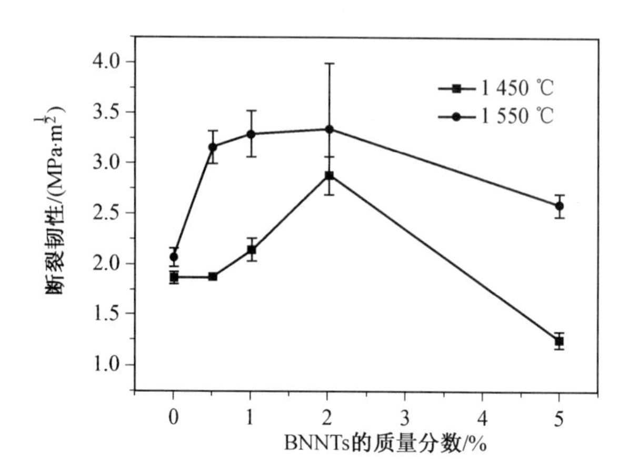

图5.9 BNNTs/Si_3N_4复合材料的断裂韧性随BNNTs的质量分数的变化曲线图

增韧的作用。当添加BNNTs的质量分数超过2%时,材料的强度韧性下降的原因是由于BNNTs在材料中难于分散,团聚在一起的BNNTs不能起到应有的增韧作用,反而会形成一些大孔,成为材料缺陷的一部分。

图5.10为1 550 ℃温度下烧结保温2 h制备的BNNTs/Si_3N_4复合材料的EA_0,EA_2试样的弯曲强度随温度的变化曲线图。试样的弯曲强度都是随着测试温度的升高而降低,但每个测试点添加BNNTs的试样EA_2强度要高于EA_0。EA_0试样强度在测试温度为600 ℃时出现急剧下降,而EA_2试样则在700 ℃时才出现下降,说明BNNTs对氮化硅复合材料起到了一定的高温增强作用。烧结助剂与Si_3N_4及表面的氧化物形成的液相冷却后即为玻璃相,存在于晶界处。当测试温度较低时,玻璃相开始软化,但是其黏度还比较高,玻璃相的黏滞效应使应力集中得到松弛,减缓了裂纹扩展的速度,所以强度下降较慢。当温度升高到一定程度时,晶界相黏度降低,晶界更容易滑移,应力集中造成局部空隙增大,使裂纹很快扩展至断裂,所以Si_3N_4陶瓷在600 ℃时便出现强度的急剧下降;而BNNTs/Si_3N_4复合材料在高温下依靠BNNTs的桥联、拔出等现象起到强韧化作用,提高复合材料的高温性能。

虽然BNNTs的抗氧化温度可达900 ℃,但是我们制备的BNNTs存在一些晶体结构的缺陷,造成抗氧化温度的降低。当测试温度达到1 000 ℃

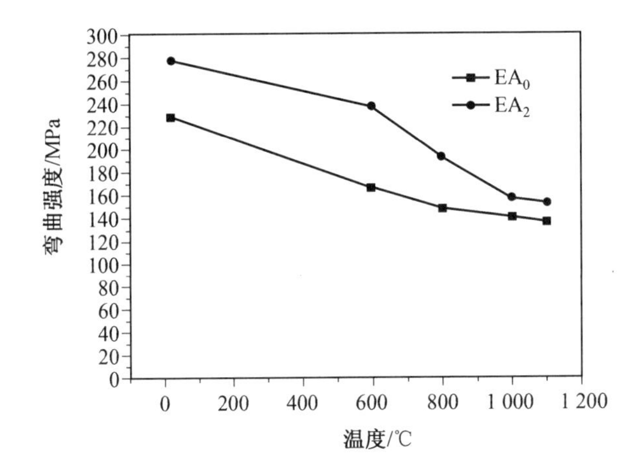

图 5.10 BNNTs/Si_3N_4复合材料的 EA_0、EA_2试样的弯曲强度随温度的变化曲线图

以上时,BNNTs/Si_3N_4复合材料的弯曲强度下降到 156 MPa 以下,比常温条件下(测试强度为 276 MPa)下降约 48%,强度和 Si_3N_4陶瓷(1 000 ℃时为 140 MPa)相当,说明 BNNTs 的强韧化作用基本消失。

5.3 小 结

添加 BNNTs 对于 Si_3N_4陶瓷的力学性能产生了很大的影响,特别是其断裂韧性有较大幅度的提高。当 BNNTs 的质量分数为 0.5% 和 1.5% 时,断裂韧性分别达到 9.7 MPa · $m^{1/2}$和 9.8 MPa · $m^{1/2}$,同比提高近 40 %。弯曲强度有一定程度的下降,但维持在一个较高的水平。BNNTs 与 Si_3N_4界面结合较强,有利于 BNNTs 补强效果的发挥。同时,BNNTs 能够提供更多的形核位置和发育空间,促进柱状 β-Si_3N_4发育,便于充分发挥柱状晶的增韧效果。添加 BNNTs 对于多孔 BNNTs/Si_3N_4复合材料同样起到了补强增韧的作用。随着 BNNTs 的质量分数的增加,力学性能呈先提高后降低的趋势,气孔率先降低后略微上升。1 550 ℃烧结时,添加质量分数为 1% BNNTs 的材料弯曲强度达到最高(276.03 MPa),相比于不添加 BNNTs 的试样提高了约 25%,同时其断裂韧性为 3.29 MPa · $m^{1/2}$,气孔率为36.7%;添加质量分数为 2% BNNTs 的材料断裂韧性达到最高(3.34 MPa · $m^{1/2}$),

相比于不添加 BNNTs 的试样(断裂韧性为 2.07MPa · $m^{1/2}$)提高了约 38%。

参考文献

[1] BOCANEGRA-BERNAL M H, MATOVIC B. Mechanical properties of silicon nitride-based ceramics and its use in structural applications at high temperatures [J]. Materials Science and Engineering A, 2010, 527(6): 1314-1338.

[2] RILEY F L. Silicon nitride and related materials [J]. Journal of the American Ceramic Society, 2000, 83(2): 245-265.

[3] PASUPULETI S, PEMSESHU R, SANTHANAM S, et al. Toughening behavior in a carbon nanotube reinforced silicon nitride composite [J]. Materials Science and Engineering A, 2008, 491(1-2): 224-229.

[4] CORRAL E L, CESARANO III J, SHYAM A, et al. Engineered nanostructures for multifunctional single-walled carbon nanotube reinforced silicon nitride nanocomposites [J]. Journal of the American Ceramic Society, 2008, 91(10): 3129-3137.

[5] HUANG Q, BANDO Y, XU X, et al. Enhancing superplasticity of engineering ceramics by introducing BN nanotubes [J]. Nanotechnology, 2007, 18(48): 485706 (7pp).

[6] WEI X, WANG M S, BANDO Y, et al. Tensile tests on individual multiwalled boron nitride nanotubes [J]. Advanced Materials, 2010, 22(43): 4895-4899.

[7] MANIWA Y, FUJIWARA R, KIRA G, et al. Multiwalled carbon nanotubes grown in hydrogen atmosphere: An X-ray diffraction study [J]. Physical Review B, 2001, 64(7): 073105 (4pp).

[8] 谢志鹏. 结构陶瓷 [M]. 北京: 清华大学出版社, 2011.

[9] 江东亮. 精细陶瓷材料 [M]. 北京：中国物资出版社，2000.
[10] 王零森，黄培云. 特种陶瓷 [M]. 长沙：中南大学出版社，2005.

名词索引